装配式建筑与模块化施工研究

张寒冬◎著

哈尔滨出版社

图书在版编目（CIP）数据

装配式建筑与模块化施工研究／张寒冬著. -- 哈尔
滨：哈尔滨出版社，2025. 6. -- ISBN 978-7-5484
-8468-4

Ⅰ. TU3

中国国家版本馆 CIP 数据核字第 2025MU8883 号

书　　名：**装配式建筑与模块化施工研究**
ZHUANGPEI SHI JIANZHU YU MOKUAI HUA SHIGONG YANJIU

作　　者：张寒冬　著
责任编辑：李维娜
封面设计：于　芳
内文排版：博越创想

出版发行：哈尔滨出版社（Harbin Publishing House）
社　　址：哈尔滨市香坊区泰山路 82-9 号　　邮编：150090
经　　销：全国新华书店
印　　刷：北京鑫益晖印刷有限公司
网　　址：www. hrbcbs. com
E - mail：hrbcbs@yeah. net
编辑版权热线：（0451）87900271　87900272
销售热线：（0451）87900202　87900203

开　　本：787mm×1092mm 1/16　印张：12. 75　　字数：186 千字
版　　次：2025 年 6 月第 1 版
印　　次：2025 年 6 月第 1 次印刷
书　　号：ISBN 978-7-5484-8468-4
定　　价：68. 00 元

凡购本社图书发现印装错误，请与本社印制部联系调换。
服务热线：（0451）87900279

前 言

　　随着科技的进步与可持续发展理念的广泛认同，装配式建筑与模块化施工作为创新的建筑模式，正在逐步改变传统建筑行业的运作方式。这场变革不仅显著提升了建筑行业的生产效率、成本管控与质量保障，还在推动社会经济的绿色转型、节能减排及实现"碳中和"目标等方面展现出巨大的潜力与深远的社会效益。

　　装配式建筑以其高效、环保与标准化的优势，大幅度缩短了施工周期，减少了现场劳动力的需求，从而提升了整体项目的执行效率。而模块化施工通过将建筑构件细分为标准化的模块，进行预制与设计，能够实现快速组装与灵活配置。这不仅降低了施工的复杂性，还大大增强了建筑的安全性和耐用性。这两种创新模式的广泛应用，不仅有效缓解了城市建设中资源短缺和环境污染等难题，还为建筑行业的转型升级与可持续发展提供了坚实的支持。

　　本书是一本深入探讨装配式建筑及其模块化施工技术的书籍，系统阐述了装配式建筑的基本特征、装配式混凝土建筑、装配式钢结构建筑以及装配式木结构建筑的构件生产与运输、安装模块施工等关键环节。通过对各类装配式建筑材料的选用、生产工艺、运输吊装、安装流程及质量控制等方面的综合研究，旨在为读者提供一个全面、系统的装配式建筑与模块化施工知识体系。本书不仅注重理论知识的介绍，还结合实践，对装配式建筑的实际应用进行了深入探讨，旨在为建筑行业的转型升级和可持续发展提供有力的技术支撑和理论指导，具有较高的学术价值和实用价值。

　　本书在编写过程中参考了大量相关文献，并广泛借鉴和引用了众多专家、学者以及教师的研究成果，相关资料已在参考文献中列出。如有遗漏之处，恳请作者谅解，并及时与我们联系。本书的完成离不开许多专家学者的支持与帮助，在此谨向他们表示诚挚的感谢。由于编写时间有限，尽管我们尽力丰富内容，力求做到尽善尽美，但经过多次修改，仍难免存在不妥之处或遗漏，恳请各位专家和读者给予指正，并提出宝贵意见。

目 录

第一章　装配式建筑概述

第一节　装配式建筑的特征与发展

一、装配式建筑的概念

装配式建筑是一种在建筑、结构、给排水、电气、设备和装饰等方面经过精确设计后，由工厂进行工业化生产的建筑模式。生产完成的建筑构件被运输到施工现场进行装配，从而构成完整的建筑。装配式建筑的实施过程可划分为三个关键阶段：建筑集成化设计阶段、建筑构件集成化生产阶段，以及构件在工地上的组装阶段。

从整体上看，建筑集成化设计阶段将装配式建筑分为两大部分：一是构件的生产，二是构件的组装。因此，建筑行业的转型实质上是构件生产方式从传统模式向工业化模式的转变，以及施工方式从传统方式向集成化方式的转型。

与传统建筑模式相比，装配式建筑在工业化生产过程中展现出显著的优势，涵盖了设计、施工、装修、验收及工程项目管理等多个方面。这种方式不仅提高了生产效率，降低了工地作业的复杂性，还能有效保障工程质量，提升建筑的整体性能。

二、装配式建筑的特征

（一）系统性与集成性

装配式建筑以工业化大规模生产为核心，展现出高度的系统性与集成性。其设计、生产及施工各环节均涉及多学科协同，促进相关行业技术进步，并要求科研、设计、生产及施工资源紧密配合，以实现高效建设。此过程强调各环节无缝衔接与整体性优化，凸显复杂项目管理及技术整合的重要性。

（二）设计标准化与组合多样化

装配式建筑采用标准化设计，基于共性条件制定统一构件标准，形成广泛适用的设计模式。此方法能够减少构件规格种类，提高设计效率，同时兼顾环境、文脉、交通及用户需求等个性化因素。标准化设计框架内融入多样化组合形式，使建筑能灵活应对不同规划需求，如通过标准化模块组合形成板楼、塔楼及通廊式住宅等多种建筑形态。

（三）生产工厂化

装配式建筑构件均在工厂预制完成，采用了先进的生产工艺。工厂化生产能够降低施工的不确定性，提高生产效率与质量控制。精细工艺与严格质量把控使构件制造精度更高、大规模生产的成本降低、工期缩短，推动建筑行业向高效、绿色的方向发展，实现生产标准化、模块化，为快速建造提供保障。

（四）施工装配化、装修一体化

装配式建筑施工模式支持多工序同步进行，实现一体化作业。土建与装修统一设计，构件生产阶段预设孔洞与装修面层固定部件，避免装修施工对结构的破坏。构件运抵现场后，按施工顺序吊装，同时上下层施工可一并进行，实现水电安装与装修同步推进。精确检查确保施工顺畅与质量达标，交叉作业有序进行，提高工作效率，确保工程按时完成。

三、装配式建筑的优势

（一）保护环境，减少污染

相较于传统建筑施工方式，装配式建筑显著降低了对环境的影响。传统施工依赖大量现场湿作业，噪声、泥浆、灰尘及固体废弃物等导致污染严重，且管理难度大。而装配式建筑通过工厂预制构件，大幅减少了现场湿作业和材料使用，工地整洁有序。预制构件的应用显著降低了灰尘和废料的产生，噪声和烟尘污染也明显减少，垃圾产量和损耗下降超过 50％，有效减轻了施工对环境的负面影响。

（二）提升建筑品质

装配式建筑通过在设计、生产和施工全过程的严格质量控制，保证了建筑的高品质。相较于传统建筑施工的现场浇筑和木模成型方式，装配式建筑采用工厂预制构件，生产精度高，外观整洁，质量稳定可靠。工厂化生产的高精度和规范化管理，使得装配式建筑的各项结构性能更加稳定和可靠，提高了建筑质量的可控性和稳定性。

（三）设计灵活多样

装配式建筑在设计阶段展现出更高的灵活性，能够满足各种复杂造型的需求。传统建筑受模板搭设能力的限制难以实现复杂造型，而装配式建筑能够根据建筑造型需求调整构件设计与生产方案，并与多种结构形式结合施工。例如，采用预制混凝土柱与钢结构桁架复合方式，打造独特结构形态；或设计制造复杂的外饰面板、清水阳台等构件。此外，装配式建筑还能根据户型进行模数化设计与生产，灵活调整结构形式，提高生产效率，适合大规模标准化建设，满足现代建筑业的多样化需求。

（四）降低施工安全隐患

传统建筑施工涉及复杂的模板与脚手架系统，现场人员、材料及机械设备密集，特别是高空作业，安全管理难度极大，安全隐患较多。装配式建筑则通过工厂预制构件，减少现场复杂的施工环节，施工现场以构件装配为主，仅需少量临时支撑，降低高空作业需求，简化施工环境。同时，标准化安全设施如安全网的配备，进一步提升了施工安全性，有效降低施工过程中的安全风险。

（五）缩短施工周期

装配式建筑相较于传统施工方式，施工速度通常提升约 30%。传统建筑需先搭建支撑与模板，完成浇筑与养护，过程繁琐且耗时。而装配式建筑构件在工厂预制，采用钢模成型与蒸汽养护，缩短生产周期。现场施工通过统一吊装构件，多工序并行作业，如结构体吊装、外墙安装、机电管线铺设及室内装修等，显著加快施工进度，缩短现场工期，提高整体效率。

（六）优化人力资源配置，提升生产效率

装配式建筑通过工厂预制与机械化吊装，集中构件生产，减少现场施工与管理人员需求，降低人力成本。同时，机械化作业与自动化管理能够提升劳动生产率，减少项目人力资源投入，有效控制劳动成本，提高整体施工效率。

四、装配式建筑发展背景与意义

（一）装配式建筑：响应国家政策，引领建筑业现代化转型

装配式建筑作为建筑业现代化转型的重要实践，是国家政策推动下的必然选择。它不仅体现了国家对建筑行业改革创新的战略部署，也是实现绿色建筑发展及新型建筑工业化政策目标的关键途径。通过工厂预制构件与现场高效装配的紧密结合，装配式建筑大幅提升了建筑施工效率与质量控制的稳定性，有效降低了资源消耗与环境污染，充分契合了现代建筑对精细化、标准化作业的高标准要求。

尤为显著的是，装配式建筑在节能减排方面展现出卓越的成效。通过采用新型建筑材料与工艺技术，显著提高了建筑的能效与环保性能，延长了建筑的使用寿命，同时减少了能源消耗与碳排放。此外，工厂化生产模式确保了材料使用的精确控制，大幅降低了资源的浪费与建筑垃圾的产生，有力促进了循环经济的发展，与国家的绿色、低碳发展战略高度契合。

在政策引导与市场需求的双重驱动下，装配式建筑正逐步成为建筑领域的主流趋势，其在城市住宅、公共建筑及农村基础设施建设等多个领域展现出广泛的应用前景。随着技术体系的持续优化，行业标准的不断完善以及产业链协作的深化，装配式建筑将为建筑业的现代化转型与可持续发展提供有力支撑。

（二）装配式建筑：驱动建筑行业转型的核心动力

装配式建筑的兴起，标志着建筑行业正迈向工业化、标准化的新阶段。通过将建筑构件的生产环节从施工现场转移至工厂，利用现代化生产线和技术，装配式建筑在质量控制上展现出显著优势。工厂化生产不仅提升了构件的精度与稳定性，还有效减少了现场施工中常见的错误与失误，从而确保了工程质量的可靠性。

相较于传统建筑方式，装配式建筑的模块化装配模式极大提升了施工效率。该模

式通过减少现场人工操作，降低了人为因素对建筑质量的影响。同时，由于所有构件均在工厂内严格按照标准制造，整体建筑的系统性质量问题得到了有效控制，进一步延长了建筑的使用寿命，并显著减少了后期维修的需求。因此，装配式建筑的推广不仅是建筑行业技术进步的体现，更是推动行业向更高效、更可靠、更可持续的方向发展的关键途径。

（三）装配式建筑：促进住房质量提升的新路径

在新型城镇化的浪潮中，住房质量成为关乎民众福祉的关键要素。传统建筑方式因施工过程的灵活性与质量控制难度，常面临屋顶渗漏、外墙开裂、门窗保温性能不佳等问题，影响居住体验与建筑长期性能。装配式建筑则以其独特模式，为住房质量提升开辟了新路径。

装配式建筑通过精细化设计与工厂化生产，实现了构件的高精度与标准化制造。模块化生产流程减少了现场施工的误差来源，增强了建筑结构的稳定性与耐久性。同时，严格选材与优化构件连接技术进一步提升了住宅的整体品质与居住舒适度。因此，装配式建筑不仅规避了传统建筑中的常见问题，还通过科学管理与技术创新，为住房质量的全面提升提供了有力支撑。

第二节　装配式建筑的分类

一、建筑结构体系分类

装配式建筑按建筑结构体系可分为砌体建筑、板材建筑、盒式建筑、骨架板材建筑及升板和升层建筑。

（一）砌体建筑

砌体建筑是一种装配式建筑形式，通过预制的块状材料砌成墙体，尤其适用于3～5层的建筑。通过增强砌块强度或加入钢筋，其适用范围可适度扩展至更高层数。砌体建筑以其简单的生产工艺、便捷的施工流程、较低的成本以及对地方性材料和工业废料的有效利用，展现出强大的适应性。

砌块的种类依据尺寸可分为小型、中型和大型。小型砌块便于人工搬运与砌筑，尽管工业化程度较低，但其灵活性高，应用广泛。中型砌块则能借助小型机械辅助吊装，减轻人工砌筑负担。而大型砌块则逐渐被预制大型板材所替代。

从结构上看，砌块可分为实心和空心两类，实心砌块常采用轻质材料制造。砌块的接缝处理对砌体强度至关重要，通常采用水泥砂浆进行砌筑。对于小型砌块，干砌法作为一种无需砂浆的砌筑方式，有效减少了施工中的湿作业量。部分经过特殊表面处理的砌块可直接作为清水墙使用，减少了后期装修的工作量。

（二）板材建筑

板材建筑是全装配式建筑的主要类型，由工厂预制的大型内外墙板、楼板和屋面板等构件组成，亦称大板建筑。此类建筑通过工厂化生产和现场组装，显著提升了建筑工业化水平，尤其适合高精度和快速建设的项目需求。板材建筑的大尺寸板材设计，有效减轻了结构重量，提高了施工效率，并降低了现场施工复杂度。

其施工过程高度机械化、标准化，大幅减少了现场人工操作和湿作业量，进而降低了施工成本，提高了工作效率。这些特性使得板材建筑成为高层建筑、公共建筑及特殊功能建筑的优选方案。此外，工厂内严格的质量控制与统一设计，确保了板材建筑在质量管理方面的显著优势。

（三）盒式建筑

盒式建筑又称集装箱式建筑，作为板材建筑的高级形态，展现了装配式建筑的高度工业化水平。其显著特点在于高度的工厂预制化，包括外部结构、内部装修、设备安装乃至家具布置，均在工厂内完成，大幅缩短了现场施工时间，实现了快速高效的安装过程。这种建筑形式在完成吊装并接通必要管线后，即可迅速投入使用，极大地提升了建筑项目的整体效率与便捷性。

盒式建筑的装配形式主要有以下几种：

1．全盒式

建筑完全由承重盒子重叠而成，各盒子之间通过接驳形成整体结构。

2．板材盒式

小型的厨房、卫生间或楼梯间等空间做成承重盒子，与墙板和楼板组合成建筑。

3．核心体盒式

核心体盒式以承重的卫生间盒子作为建筑的核心部分，外围用楼板、墙板或框架结构围合形成建筑。

4．骨架盒式

骨架盒式由轻质材料制成多个住宅单元或单间式盒子，通过承重骨架支撑，形成建筑。某些情况下，也采用含有设备和管道的卫生间盒子，安装在其他结构形式的建筑中。

尽管盒式建筑具有较高的工业化水平，能够大幅度提高施工效率，但其投资较大，运输较为困难，需要重型吊装设备，因此在实际发展中受到一定的限制。

（四）骨架板材建筑

骨架板材建筑融合了预制的骨架与板材元素，其核心承重结构主要有两种形式：一是以柱梁框架为支撑，辅以楼板和非承重墙板；二是柱与楼板共同承担重量，而内外墙板则作为非承重部分。承重骨架材料多样，常用钢筋混凝土，在轻型建筑中也可选用钢材或木材。这种建筑结构自重分配合理，空间划分灵活，广泛适用于多层及高层建筑。钢筋混凝土框架结构分为全装配式、预制与现浇结合的装配整体式，其关键在于节点连接技术，如榫接、焊接及现浇叠合法等。而板柱结构体系则通过方形预制楼板与柱子构建承重系统。

（五）升板和升层建筑

升板和升层建筑采用板柱联合承重结构，施工特点在于通过底层混凝土地面逐层浇筑楼板和屋面板，同时竖立预制钢筋混凝土柱子，随后利用油压千斤顶将楼板和屋面板提升至预定高度并固定。外墙材料多样，包括砖墙、砌块墙、预制外墙板等，甚至可在楼板提升过程中同步浇筑外墙。升板建筑的优势在于减少高空作业与垂直运输，节省模板与脚手架的使用，缩小施工现场占地面积，常用无梁楼板或双向密肋楼板，楼板与柱子连接节点设计多样，如后浇柱帽或无柱帽节点。此类建筑适用于商场、仓库、工厂及多层车库等大型设施。升层建筑则在楼板浇筑未完成时即安装内外墙体，随后整体提升，加速施工进程，尤其适合空间有限的场地。

二、构件材料分类

由于建筑构件的材料不同，集成化生产的工厂及其生产线的生产方式也不同，由不同材料的构件组装而成的建筑也会不同。因此，可以按建筑构件的材料来对装配式建筑进行分类。基于建筑结构对材料的要求较高，按建筑构件的材料来对装配式建筑进行分类也就是按结构分类。

（一）预制混凝土结构（PC 结构）

PC 结构是指通过预制钢筋混凝土构件组成的建筑结构，通常包括剪力墙结构和框架结构两种主要形式。

1. 剪力墙结构

在 PC 结构的剪力墙结构中，墙板作为主要承重构件，负责提供剪力支撑，而楼板则作为受弯构件。当前多数装配式建筑构件生产厂以板构件为主，在生产线上制造墙板和楼板等构件。施工时，这些构件通过吊装运输到现场，再通过处理连接节点完成整体结构的搭建。

2. 框架结构

PC 结构的框架结构将柱、梁、楼板等构件分开生产，通过更换模具，生产线能够分别生产柱子、梁、板和楼梯等构件，并在施工时，通过吊装将这些构件安装到位，随后处理构件之间的连接。对于墙体部分，其另行生产专用的墙板（如轻质、保温、环保的绿色板材），在框架完成吊装后进行墙板的安装。

（二）预制钢结构（PS 结构）

PS 结构是指采用钢材作为主要构件材料，结合楼板、墙板和楼梯等部件进行装配的建筑结构。它可以分为全钢（型钢）结构和轻钢结构两种类型。

1. 全钢（型钢）结构

全钢结构通常使用较大的型钢截面，如工字型、L型或T型，以确保较大的承载力，适用于高层建筑。根据设计要求，在特定的生产线上生产柱、梁、楼梯等构件，这些构件随后被运输到施工现场进行装配。装配时，构件之间的连接可通过锚固（如加腹板和螺栓）或焊接方式完成。

2. 轻钢结构

轻钢结构采用较小截面的轻质槽钢，槽宽由结构设计确定。这些槽钢的壁厚、承载力相对较小，因此常用于多层建筑或小型别墅。轻钢结构的构建通常包括将轻质板材作为整体板材与槽钢相结合，进行现场装配。由于其承载力较小，适用于低层或非大型建筑。

（三）木结构

木结构装配式建筑以木材为核心材料，涵盖柱、梁、板、墙及楼梯等构件，均经预制加工后于现场进行装配。木结构以其卓越的抗震性能与显著的环保特性深受用户青睐。木材的自然属性不仅提升了建筑的居住舒适度，还有效减少了碳足迹，是绿色建筑领域的杰出代表。

（四）预制集装箱式结构

预制集装箱式结构主要运用混凝土材料，根据建筑需求，将混凝土加工成多种建筑单元，如客厅、卧室、厨房、卫生间等，每个单元犹如一个独立的"箱体"。这些预制箱体单元通过吊装与组合，构建起建筑的整体结构。此结构形式显著提升了建造效率，实现了快速、模块化的施工流程。

三、结构技术体系分类

装配式混凝土结构技术体系可以根据结构形式和预制构件的应用部位进行分类。从结构形式来看，主要包括剪力墙结构体系、框架结构体系和框架-剪力墙结构体系等。每种结构体系具有不同的施工特点和适用场景，可以根据具体需求选择合适的结构形式。剪力墙结构体系在高层建筑中常用，框架结构则更适合低层建筑，而框架-剪力墙结构体系能够兼顾两者的优点，适应更多复杂的建筑需求。

按预制混凝土构件的应用部位，装配式混凝土结构可分为三种类型。第一种是竖向承重构件采用现浇结构，外围护墙、内隔墙、楼板和楼梯等使用预制构件；第二种是部分竖向承重构件及外围护墙、内隔墙、楼板和楼梯等采用预制构件；第三种是所有竖向承重构件、水平构件和非结构构件均采用预制构件。随着预制率的提高，施工的复杂度和难度也会增加，这种逐步提升的预制化方式使得装配式混凝土结构的应用更具灵活性和适应性。

（一）装配式剪力墙结构的多元体系

1. 装配整合式剪力墙体系

装配整合式剪力墙体系巧妙地融合预制墙体与现浇技术，采用湿式连接确保结构整体性。其设计思路与现浇结构相似，却通过预制构件如叠合板、楼梯等提高施工速度。虽然竖向接缝可能影响刚度，但此体系在抗震设防烈度 8 度及以下地区仍具应用价值，其高度限制较现浇结构略有降低。其关键技术在于精确处理接缝，采用后浇混凝土与钢筋锚固，强化结构整体性。

2. 叠合式剪力墙体系

叠合式剪力墙体系创新地将剪力墙分为预制内外层与现浇中层，通过附加钢筋实现钢筋连接。该体系特别适用于抗震设防烈度 7 度及以下环境，尽管高度与层数均有明确限制，却在国内经过优化，简化了传统结构的复杂性，提高了施工效率与质量控制，成为多层建筑的优选方案。

3. 低多层全装配剪力墙体系

针对低层至多层建筑，全装配剪力墙体系提供了多样化的技术选择，灵活满足各类设计与施工需求。随着城镇化推进，该体系在乡村及小城镇建筑中展现出巨大潜力，预示着广阔的应用前景与研发空间。

4. 内外结合式剪力墙体系

内外结合式剪力墙体系巧妙结合现浇主体与预制外挂墙板，既保留现浇结构的稳固性，又发挥预制构件的便捷性。其设计原则基于传统现浇剪力墙，虽预制率不高，但为预制建筑中的低预制率项目提供了有效解决方案。

（二）装配式框架结构体系

装配式框架结构适用于低层和多层建筑，其最大适用高度低于剪力墙结构和框架-剪力墙结构，因此在高层建筑中应用较少。该结构主要用于厂房、仓库、商场、停车场、办公楼、教学楼等需要大空间和灵活布局的建筑类型。其适用场景通常为建筑高度较低的项目。

该结构体系的施工方式主要有两种：一种是预制节点区域的构件，确保工厂预制节点部分的精准性，避免现场施工时钢筋交叉问题，但要求较高的精度和较大的构件尺寸，运输较为困难。另一种是在工厂预制梁柱构件，节点区域现场现浇，虽然预制构件更加规整，但现场节点连接可能出现钢筋交叉现象，需特别注意。装配式框架结构的连接方式简单可靠，便于确保构件的稳定性。

（三）装配式框架-剪力墙结构体系

1. 框架与剪力墙的互补优势

装配式框架-剪力墙结构体系通过整合框架结构的灵活布局优势与剪力墙结构的强

大稳定性，为现代建筑提供了一套高效且安全的结构解决方案。该体系能够灵活满足多样化的建筑功能需求，同时确保整体结构的稳定性和抗震性能。

2. 预制框架的工业化效能

在此体系中，框架部分采用预制构件，充分展现了建筑工业化的优势。预制构件在工厂内经过精确制造，不仅提升了生产效率和构件质量，还大幅减少了现场湿作业，降低了施工噪音和环境污染。此外，预制框架的模块化设计简化了现场安装流程，缩短了建设周期，提高了施工效率。

3. 现浇剪力墙的核心支撑

现浇剪力墙作为该体系的核心支撑结构，为建筑提供了坚实的抗震保障。通过与预制框架的紧密配合，现浇剪力墙不仅增强了建筑的整体刚度，还提高了结构的抗震能力。这种结合方式确保了建筑在面临自然灾害时能够保持稳定，保障居住者的安全。

4. 施工管理与协调的挑战

尽管装配式框架-剪力墙结构体系具有诸多优势，但其施工过程也面临着一定的管理与协调挑战。特别是当预制框架与现浇剪力墙同时施工时，如何确保两者的施工进度同步、施工质量达标以及施工安全无忧成为关键。此外，节点处理、构件连接等细节问题也需要特别注意，以确保整个结构体系的稳固性和耐久性。因此，在实际应用中，需要制订周密的施工计划和管理策略，加强施工过程中的监控与协调，确保工程顺利进行。

第三节　装配式建筑的模块化施工理念

一、装配式建筑施工模块化设计与定制化需求

（一）装配式建筑施工

装配式建筑的核心理念根植于模块化设计思维，它将建筑整体拆解为一系列标准化的模块单元。这些模块单元在工厂中预先制造，随后在施工现场进行快速组装。相较于传统的现场施工模式，装配式建筑在工厂预制阶段即能实现更为精准的质量控制，有效减少施工过程中的潜在缺陷，从而显著提升建筑的整体品质。

通过模块化设计，装配式建筑不仅优化了施工流程，还大幅缩短了建筑工期。工厂内模块化构件的生产与现场施工并行不悖，极大地提高了建造效率。此外，装配式建筑在资源管理方面也展现出显著优势，通过精确计算材料需求，有效减少了原材料浪费，以及现场施工对环境的干扰与资源消耗，特别是在噪音控制、空气污染防治及建筑废弃物减量方面成效显著。

值得注意的是，尽管装配式建筑强调标准化构件的应用，但其设计体系同样支持一定程度的个性化定制，以满足不同项目的独特需求，展现了高度的灵活性与适应性。

总体而言，装配式建筑凭借其在提高效率、降低成本、强化质量控制等方面的卓越表现，正逐步展现出其在建筑行业中的革命性潜力，引领建筑业向更加可持续、高效的发展方向迈进。

（二）模块化设计的应用与优势

模块化设计作为一种创新的设计方法，其核心在于将复杂的系统或产品拆解为多个独立且可互换的模块。在装配式建筑领域，这一设计理念得到了广泛应用，尤其在住宅、商业及公共设施建设中展现出巨大潜力。

在住宅建筑领域，模块化设计允许墙体、屋顶、地板等构件在工厂中预先制造，随后在施工现场快速组装，极大地缩短了建造周期，提升了施工效率。对于商业建筑，如办公楼、酒店、商场等，模块化设计同样能显著加快施工速度，减少现场作业对周边环境的干扰，提升项目施工效率与环境适应性。

在学校、医院等公共设施建设中，模块化设计更是发挥了其灵活多变的优势，能够精准满足特定需求，同时有助于控制项目整体成本。通过工厂预制，建筑部件的质量在受控环境中得到严格保障，减少了现场可能出现的质量问题。

尽管模块化设计初期投资相对较高，但其通过缩短工期、减少资源浪费，最终实现成本的有效控制。此外，模块化设计还促进了建筑行业的创新，为行业带来了更多高效、可控、可持续的解决方案，推动了整个建筑领域向更高水平发展。

（三）定制化需求的挑战与机遇

1. 定制化需求的挑战

在建筑行业中，定制化需求虽然能够带来独特的市场机会，但也伴随了一些不容忽视的挑战。首先，处理个性化需求往往使设计和生产过程变得更加复杂。这不仅要求对工程设计进行精确调整，还需要进行定制化制造和严格的质量控制，这些都可能导致项目成本上升。其次，定制化需求可能会延长施工周期，尤其是当设计要求涉及创新或独特的技术解决方案时，可能需要采用新的材料或工艺，这使得施工过程中的技术难题更加复杂。与此相关的另一个挑战是，供应链管理的灵活性也会受到考验，确保特殊材料和构件的准时交付成为项目顺利进行的关键。此外，满足高度定制化需求通常要求更多的专业技能和经验，这在某些地区可能面临劳动力短缺的问题，从而增加了项目的复杂性和风险。

2. 定制化需求的机遇

定制化需求虽为建筑行业带来了诸多挑战，但同时也为建筑企业开辟了新的市场竞争优势。满足客户的个性化要求，不仅能帮助企业在激烈的市场环境中脱颖而出，更能赢得客户的长期信赖，进而提升企业的品牌影响力和市场地位。定制化需求激发了建筑设计师的创新潜能，鼓励他们探索新颖的设计理念、材料和技术，从而推动整个行业的进步与发展。

精准回应客户的定制需求，不仅能够显著提升客户满意度，还能为企业树立良好的市场口碑，创造更多长期合作机会。此外，有效的定制化管理策略不仅有助于提升企业的竞争力，还促进了可持续建筑实践的应用，如优化资源利用和延长建筑使用寿命。因此，面对定制化需求的机遇，建筑行业应积极寻求创新管理之道，以期在满足个性化需求的同时，实现行业的可持续发展。

（四）模块化设计与定制化需求的平衡

1. 模块化设计原则

（1）标准化与定制化的关系

标准化和定制化之间的平衡是实现模块化设计成功的关键。在建筑领域，标准化通过统一模块的设计和生产，能够有效降低成本、提高生产效率，并确保最终产品的质量一致性。然而，现实中的项目往往需要面对独特的客户需求，这就要求在标准化的基础上适度引入定制化。为此，必须明确哪些模块可以标准化，哪些模块需要根据客户需求进行定制。通过制定清晰的标准模块定义，确保标准化模块具有足够的通用性，在大多数项目中可以普遍使用；同时，针对那些特殊需求，可以通过在标准模块框架下进行适当的定制，以保证不打破整体的模块化架构，同时满足客户的个性化要求。这样的平衡能够最大化地实现效率与灵活性的兼得。

（2）模块设计的灵活性与适应性

模块设计的精髓在于其灵活性与适应性，这是满足定制化需求的关键所在。模块不仅需要具备基本的标准化特性，确保生产的高效与成本的节约，更需蕴含足够的灵活性，以灵活应对各类项目的独特挑战与客户的个性化偏好。

为了实现这一目标，模块设计需融入可配置性理念，允许根据具体项目需求进行自由组合与调整，从而解锁无限的设计可能性。同时，模块的可扩展性同样至关重要，它确保了模块在未来需求变化时能够轻松实现升级或扩展，为项目的长远发展预留了充足空间。

在设计流程中巧妙融入定制选项，是平衡标准化与个性化需求的高明策略。通过精心设计的定制参数，可以在保持整体标准化优势的同时，为客户提供量身定制的解决方案，既满足了项目的特定要求，又未牺牲生产效率与成本控制。

综上所述，模块设计的灵活性与适应性是解锁定制化潜力、实现高效生产与满足个性化需求的桥梁，是推动建筑行业创新与可持续发展的关键驱动力。

2. 定制化需求分析

在建筑项目中，定制化需求呈现出多样化特征，涵盖了从外观设计到功能配置、技术选型等多个层面。深入理解这些需求是达成客户愿景和项目目标的重要前提。外观定制侧重于建筑外观的独特性，包括立面设计、色彩方案及装饰元素的个性化选择。功能性定制则关注建筑内部空间的灵活布局、设备配置及特殊功能区的设置，以满足不同使用场景的需求。技术性定制则涉及建筑系统、材料应用及技术标准的选定，可能包含对能效、智能化等方面的特别要求。环境适应性定制考虑地理、气候等因素，确保建筑适应特定环境条件。可持续性定制强调环保与资源节约，推动绿色建筑实践。

在项目启动之初，明确定制化需求的范围和细节对于后续设计与实施的一致性至关重要。然而，定制化设计往往伴随着额外的时间和资源投入，特别是在项目时间紧迫的情况下，如何妥善处理定制化需求与项目进度的关系成为项目管理中的一大考验。因此，在定制化方案的选择过程中，需全面考量技术实现的可行性、成本控制及项目时间框架。

3. 平衡模型构建

为了有效协调模块设计与定制化需求，需要构建一个综合性的平衡模型。该模型首先需将定制化需求细化为外观、功能、技术等多个类别，并探究这些需求如何影响模块设计的基本属性，如标准化程度与灵活性。接着，对每个模块进行适应性评估，分析其满足定制化需求的能力及可能的调整空间。平衡模型的目标是在最大化模块设计效率的同时，灵活适应各种定制化需求，力求在实际项目中达到最佳平衡点。

根据项目具体要求和客户期望，设定适宜的定制化水平，并综合考量时间、成本、技术难度等因素，为决策提供科学依据。同时，深入分析定制化需求可能带来的风险，评估其对项目成功的影响，从而构建一个灵活的项目管理框架，确保在面对需求变化时能够迅速响应，保持项目的稳健推进。

（五）模块化设计与定制化需求平衡策略

1. 制定清晰的设计标准框架

为了优化模块化设计流程，应建立一套明确的设计标准框架。这些标准旨在统一模块的设计风格与规范，减少设计与制造中的复杂性，降低错误与缺陷的风险。标准化不仅提升了生产效率，还缩短了设计周期，降低了成本。同时，统一的质量控制标准促进了产品质量的提升。

2. 明确定制化需求的界限

在项目初期，明确界定定制化需求的范围至关重要。通过深入了解客户的期望与要求，可以为项目设定清晰的目标与边界。这有助于更有效地规划资源，控制项目成本，避免预算超支。同时，明确的定制化需求界限也为项目变更管理提供了依据，确保项目在面临需求变化时能够灵活调整。

3. 提升模块的灵活性

为了满足定制化需求，应增强模块的灵活性。通过设计可配置的模块，可以在保持整体结构稳定的前提下，实现一定程度的个性化定制。这种灵活性不仅提升了项目的适应性和客户满意度，还促进了设计的创新与发展。同时，灵活的模块设计有助于减少重新设计与制造的时间成本，提高生产效率。

4. 引入可替代性模块机制

为了平衡模块化设计与定制化需求，可以引入可替代性模块机制。通过提供多种可替代性模块，可以在保持整体标准化的基础上，满足客户的特殊需求。这种机制不仅保持了设计的统一性和可重复性，还降低了定制化成本，提高了个性化服务的经济性。同时，客户可以通过选择适合自己的模块来增强参与感，提升满意度。

二、模块化施工在建筑工程中的应用

（一）模块化施工的应用方向

1. 民用住宅

在我国建筑市场中，民用住宅，尤其是商品住宅，占据了举足轻重的地位。鉴于商品住宅数量庞大且多为结构简单、体积适中、设计模式相对统一的特性，模块化施工成为了一种高效的建设方式。模块化施工适用于标准化住宅的快速复制，满足开发商对效率和成本控制的双重需求，同时，通过与设计单位的紧密合作，也能为追求个性化的业主提供定制化的住宅选项，从而在标准化与个性化之间找到平衡点。

2. 应急救灾建筑

在应对自然灾害等紧急情况时，快速搭建临时建筑以提供紧急避难所和救援指挥中心显得尤为重要。模块化施工以其快速响应和高效搭建的特点，成为了应急救灾建筑的理想选择。它能够根据灾情严重程度、受灾区域的具体情况以及救援需求，迅速确定所需建筑的类型、数量和布局，为抢险救灾工作提供坚实的物质基础。

3. 绿色环保型建筑

模块化施工在推动绿色环保建筑发展方面展现出了独特的优势。通过在工厂内预制模块，减少了施工现场的浇筑作业，从而有效降低了施工过程中的噪声污染和空气污染。此外，模块化建筑的长寿命周期和可拆解性，使得建筑材料在达到使用寿命后仍能进行再利用或回收，实现了资源的循环利用，减少了建筑废弃物对环境的压力，为可持续发展贡献了一份力量。

（二）模块化施工的具体管理控制

1. 模块化施工管理目标

在模块化施工中，许多问题并非源于技术不足，而是由于缺乏有效的管理制度。因此，建立一个完善的施工管理体系至关重要。通过采取切实可行的管理方法，对每个施工阶段进行高效管理，能够确保施工质量与预定要求一致。健全的管理体系可以实现模块化施工的安全性、高效率、低错误率和高质量的作业目标，确保项目顺利进行并达到预期成果。

2. 模块化施工全过程管理

（1）设计管理

模块化施工的设计阶段至关重要，任何设计上的疏漏都可能为后续模块的生产和安装带来挑战，进而增加成本和延误工期。因此，科学合理地进行模块划分，以及定期的三维模型审核，是设计阶段不可或缺的环节。在三维模型完成30％、60％、90％的重要节点，应邀请业主和模块预制厂共同参与模型审查。这一过程旨在确保模块划分的合理性、可施工性、安全性以及后期的可维护性，从而最大限度地减少设计变更，保证设计质量符合预期。

（2）模块生产管理

模块生产阶段以模块预制厂为核心，组建专业生产团队负责具体生产任务。该团队由跨部门成员构成，专注于模块生产的每一个环节，确保问题能够及时发现并得到有效解决。通过严格的生产监管和指导，从源头上把控模块制造的质量与进度，确保每一模块都能达到既定的质量要求。

（3）现场施工管理

模块化施工的装配阶段，现场作业面多且活动频繁，对施工管理提出了更高要求。通过精细划分作业区域、制定详尽的作业计划表，以及预备应急补救措施，确保施工现场的有序运行。灵活的现场管理策略不仅提升了作业效率，还能迅速应对各种突发情况，为项目的按时交付提供有力保障。

3. 模块化施工现场质量管理

（1）完善质量保证体系

在模块化施工过程中，确保施工质量的关键在于建立一套科学、系统的质量保证体系，以便有效管理和控制整个工程项目的各个环节。为了实现这一目标，项目部应围绕项目经理为核心，由设计经理、模块制作经理、施工经理及现场经理等主要人员构成，以确保质量管理的全面落实。

在实施过程中，项目部成员应严格按照既定的质量计划执行检查工作，保证每个环节都符合质量标准。具体步骤可归纳如下：

①构建质量管理体系。建立模块化施工现场的质量管理体系是保证施工质量的前提。质量管理体系应涵盖质量组织架构、职责与权限划分、管理流程及操作程序等内容。这一体系的建立可以明确质量管理的目标与要求，为施工质量的稳定性和可控性提供保障。

②制订质量控制计划。在模块化施工现场，必须制订详尽的质量控制计划。该计划应针对每个施工工序、检测标准和验收要求等，确保施工过程中每个环节都严格遵循质量规范。质量控制计划的制订要根据具体施工过程及模块化构件的特点，确保工序执行到位，并达到预定的质量标准。

③控制施工工艺。模块化施工的每一个工艺环节都需要严格控制，确保施工工艺的科学性与可操作性。工艺控制包括材料的选择、施工工艺要求以及施工方法的规范等方面，精细的工艺控制可以有效保证模块化构件的质量与安全性，防止出现因工艺问题导致的质量隐患。

④质量检测与监督。在模块化施工过程中，全面的质量检测和监督是保证施工质量的又一重要措施。除了对原材料的检测外，还要对施工工序以及成品进行系统检测

与监督。通过建立严格的质量检测制度和监督机制，项目部能够实时发现并解决质量问题，确保每个施工环节符合预定标准。

（2）严格控制检验放行

在模块制造阶段，质量控制至关重要。由于模块施工对误差要求极高，必须从预制厂和总承包方两个方面加强质量管理。预制厂应详细记录每项检验结果，并配备专门的质量检验设施，确保对预制管段进行有效检验与探伤，保证产品质量。总承包方不仅需严格审核预制厂提交的质量文件，还应派专人到关键控制点进行现场检验，确保每个环节符合标准。同时，项目方可以派驻专人驻厂监造，全程跟踪模块的生产过程。监造人员应具备丰富的现场管理经验，确保每个环节的质量都能得到有效把控。

（3）重点关注施工精度

施工精度在模块化施工过程中具有决定性作用，直接影响项目的质量和安全。施工精度主要体现在以下四个方面：

①模块制造精度。模块化施工的首个环节是模块的制造，要求每个模块的尺寸和形状必须符合设计标准。在制造过程中，必须依靠精密的加工设备与技术，如数控机床和激光切割，以确保模块的精准度。同时，需要严格控制材料的质量和工艺参数，避免出现任何偏差，确保模块的稳定性和一致性。

②模块连接精度。模块化施工的关键之一是模块的连接与组装。现场安装时，必须保证每个模块之间的连接精度，特别是在对齐、水平度和垂直度等方面。为确保连接的精确性，可以采用激光水平仪、测距仪等专业工具进行精确定位，从而提升连接的准确性和可靠性。

③安装精度。模块安装的精度直接影响建筑的整体结构与稳定性。在现场安装过程中，必须依赖精确的测量与定位技术，确保每个模块的安装位置和方向符合设计要求。此外，还需注意模块之间的间隙和密封性，以保证整体结构的完整性和安全性。

④质量控制与检测。为了确保施工精度，模块化施工过程中必须进行严格的质量控制与检测。通过对模块制造和组装过程的全程监控，及时发现和解决潜在问题，确保每个环节都符合设计标准和质量要求。

（4）区域安全划分与管理

在模块吊装作业期间，施工现场常设多个平行作业面，作业活动密集且人员流动频繁。为避免因人员误入其他作业区而引发安全事故，需科学划分作业区域并实施严格的安全管理。通过设立清晰的区域界限和标识，确保每个作业区域独立且封闭，减少人员交叉流动。同时，针对每个区域制定专门的安全管理制度和操作规程，加强安全教育和培训，提高作业人员的安全意识和自我保护能力，从而有效降低安全事故风险，保障各作业区域在预定安全标准下顺利运行。

（5）安全评估制度建立与执行

为强化安全管理，应构建完善的安全评估体系，依据防护措施完善程度及潜在安全隐患情况，对施工现场进行安全等级划分。当防护措施完备且无明显安全漏洞时，评定为绿色安全等级；反之，若防护措施不足或存在明显安全隐患，则评定为红色安全等级。施工过程中，需指派专人负责日常安全检查，并依据检查结果对现场安全等级进行实时评定。仅当安全等级达到绿色标准时，方可允许当日作业继续进行；若评定为红色等级，则需立即启动安全整治程序，完善防护措施并彻底消除安全隐患后，方可恢复施工，以此确保施工活动的绝对安全。

三、BIM 技术在装配式建筑模块化施工中的应用

（一）BIM 技术

BIM 技术是一种颠覆性的数字建筑设计与施工方法，不仅能实现传统的 3D 建模，还能够构建多维度的建筑信息模型，整合建筑全生命周期中的各类数据。根据维度的不同，BIM 技术可细分为 4D、5D、6D 及 7D 四个维度，每一维度都提供了不同的功能与应用：

1. 4D BIM 技术

通过时间维度的集成，项目管理人员能够更精准地跟踪和控制工程进度，确保项目按计划推进。这使得工程进度的管理更加可视化，并有助于及时发现潜在的延误或风险。

2. 5D BIM 技术

除了三维空间数据外，5D BIM 技术还引入了成本维度，能够为建筑企业提供更精确的成本预测与控制手段。通过这一技术，项目的预算与实际成本的差异能被实时监控，从而实现更高效的资金管理和成本控制。

3. 6D BIM 技术

6D BIM 技术集成了建筑全生命周期中的所有信息，如设计、施工、竣工、维保及能源消耗等，支持建筑性能的详细分析。这一技术能够帮助建筑企业优化设计和施工过程，提升建筑物的运行效率，特别是在节能和可持续性方面。

4. 7D BIM 技术

7D BIM 技术主要应用于建筑物的运营与维护阶段，提供资产管理和设施管理的相关数据。这使得管理人员可以更有效地进行日常维护、设备管理以及长期规划，延长建筑物的使用寿命并降低运营成本。

无论采用哪种维度的 BIM 技术，其核心优势在于促进多专业团队的协作。在建筑工程施工中，各参与方可以通过共享和实时更新建筑信息模型，确保各方对项目进展、成本和质量的实时掌握。这不仅减少了施工中的资源浪费和返工问题，也大大提高了项目建设的效率和质量。

（二）BIM 技术在装配式建筑模块化施工中的应用价值

1. 在设计阶段进行精准规划

BIM 技术以其强大的三维可视化能力，在建筑行业中发挥着重要作用。通过应用 BIM 技术，建筑外观、内部结构和系统布局能够实现精准可视化，帮助建筑企业更好地理解和展示设计方案。此外，BIM 技术能够集成和管理建筑项目中的各类数据，包括建筑物的几何尺寸、空间布局、构件关系及相关建筑标准等，使得项目管理更加高效和精确。

在设计阶段，BIM 技术能够帮助建筑企业识别并解决潜在的空间冲突问题，例如管道系统与结构元素的干扰。这一功能大大减少了施工过程中因设计变更而带来的时间和成本浪费。以多功能城市综合体项目为例，BIM 技术使得建筑企业能够集成和管理项目中的各类数据，包括构件尺寸、材料特性、工程造价及施工进度计划等。在复杂的城市环境中，只有应用 BIM 技术，建筑企业才能顺利完成集交通枢纽、购物中心、住宅单元、办公空间为一体的现代城市综合体的建设。

2. 为建筑企业提供各类材料信息

材料性能在建筑项目的各个阶段都发挥着关键作用，直接影响设计、施工、可持续性评估及长期运营。在设计阶段，建筑企业可以利用 BIM 技术，根据材料的性能（如强度、重量、耐久性、热传导性等）与项目需求，精准选择适合的建筑材料。例如，在寒冷地区，企业可选用具有较高保温性能的材料。通过 BIM 模型中的材料数据，企业可以分析建筑结构的安全性，确保设计能够承受预期负载。此外，BIM 技术还能帮助企业进行能效分析，选择合适的外墙或窗户材料以降低能耗，提高建筑的整体能源效率。在项目规划阶段，BIM 模型提供的详细材料信息有助于企业精确编制材料预算并进行采购管理，确保施工所需材料的数量与成本控制在合理范围内。

3. 确保生产和施工同步进行

在装配式建筑模块化施工中，协调土建与安装工程是确保施工和生产并行的关键，而 BIM 技术在此过程中扮演了至关重要的角色，具体体现在以下几个方面：

（1）信息共享与协同作业

BIM 技术为施工团队打造了一个高效的信息共享平台，实现了土建与安装工程各方人员的无缝对接。在这个平台上，各方可以实时更新并访问项目的最新数据，确保所有参与者都能第一时间掌握施工进度、变更及需求详情。这种高度集成的信息共享机制有效避免了信息滞后导致的误解和延误，使得各方能在同一时间框架内协同作业，提升了整体工作效率。

（2）三维模拟与冲突检测

BIM 技术赋予了建筑企业创建精准三维模型的能力，进而对土建与安装过程进行全面的虚拟模拟。这一模拟过程不仅能够直观地展示施工细节，更重要的是，它能够帮助团队提前发现设计和施工的潜在冲突，如空间布局不合理、施工顺序混乱等问题。

通过 BIM 技术，团队可以在施工前便制定出针对性的调整方案，有效规避了现场施工中的突发状况，保障了施工的顺利进行。

（3）进度管理与优化

BIM 技术还成为了建筑项目进度管理的得力助手。它能够实时追踪土建与安装工程的进展情况，通过设定关键时间节点和进度检查点，确保两个工程环节在时间上紧密衔接，避免了因进度不匹配而引发的施工延误或资源浪费。借助 BIM 技术，团队能够更精准地把握项目节奏，优化资源配置，提升整体施工效率。

（4）资源协调与优化

在土建与安装工程的复杂交织中，资源的有效协调成为确保项目顺利推进的关键。BIM 技术凭借其强大的数据处理能力，为施工方提供了实时的数据支持，使资源调配更加精准高效。通过 BIM 平台，施工方可以清晰地掌握工程进展与资源需求，从而根据实际情况灵活调整人力、物资和设备的配置，确保各项资源最优化。这种基于数据的资源协调方式不仅促进了生产与施工的同步推进，还有效避免了资源浪费和效率低下的问题，为项目的顺利进行奠定了坚实基础。

（5）质量控制的强化

在追求工程进度的同时，BIM 技术同样关注着土建与安装工程的质量管理。通过将质量标准和检查流程深度融入 BIM 模型中，施工方能够实现对施工全过程的实时监控。从材料入场到施工细节，每一个环节都在 BIM 技术的严格监控之下，确保质量控制不因施工进度的推进而有所松懈。这种全方位、多层次的质量控制机制不仅提升了项目的整体质量水平，还为建筑行业的可持续发展贡献了重要力量。

4. 提高项目管理效率

建筑企业在装配式建筑模块化施工中引入 BIM 技术能够显著提升工程施工的精确性与协调性。借助 BIM 技术，企业能够集中管理并共享项目的设计与施工信息，使各方实时获取准确数据，避免因信息延迟或误差导致的施工问题。在预制构件的设计与生产阶段，若建筑企业对某一部分构件进行调整，BIM 模型会即时更新调整信息，为构件制造商提供最新的技术数据，从而保证构件的尺寸、形状及接口严格符合施工实际需求。

在模块化施工中，团队协作与信息共享是成功的关键。通过 BIM 技术，建筑企业能够为项目各方提供统一的信息共享与协作平台，显著提升沟通效率。基于此平台，各方可以根据施工实际灵活调整施工流程与工艺，确保团队协同作业的高效性。此外，BIM 技术还能用于施工过程中的风险识别与控制。例如，企业可以利用 BIM 模型深入分析设计与施工方案，排查潜在的设计缺陷，解决模块连接问题，并优化预制构件的运输及吊装计划，从整体上提高施工质量与效率，降低工程风险。

（三）BIM 技术在装配式建筑模块化施工中的应用情况

1. 政策引导与市场需求双重驱动

近年来，我国政府高度重视 BIM 技术的发展，出台了一系列扶持政策与激励措施，为 BIM 技术在大型公共工程及基础设施建设中的广泛应用奠定了坚实基础。这些政策不仅为 BIM 技术的推广提供了有力保障，还显著提升了行业内外对 BIM 技术的认知与接受度。与此同时，随着建筑市场对提升施工效率、优化工程质量需求的日益增长，BIM 技术凭借其独特的优势，在建筑企业中的应用日益广泛，成为推动装配式建筑模块化施工发展的重要力量。

2. 标杆项目示范与专业人才培育并进

当前，BIM 技术在我国的应用已逐步深入到高端商业建筑、大型交通枢纽、高层住宅等标杆项目中。这些项目对施工精度、协作效率等方面的高标准要求，进一步推动了 BIM 技术的深入应用与技术创新。与此同时，为了适应 BIM 技术快速发展的需求，高等教育机构与职业培训机构纷纷增设 BIM 技术相关课程与培训项目，致力于培养一批具备 BIM 技术应用能力的专业人才。标杆项目的成功示范与专业人才队伍的不断壮大，共同为装配式建筑模块化施工的高效推进提供了有力支撑与保障。

第二章　装配式混凝土构件的生产与运输

第一节　装配式混凝土建筑基本构件生产的基础理论

一、装配式混凝土建筑基本构件

（一）混凝土预制构件的概念及特点

混凝土预制构件（简称 PC 构件）是通过机械化设备和模具预先加工制作的钢筋混凝土制品，是装配式建筑的重要组成部分。这类构件经过标准化设计和工厂化生产，在施工现场装配后，构成完整的建筑结构。作为装配式建筑建造过程中至关重要的一环，PC 构件的生产不仅是推动建筑工业化发展的核心技术，也是提高施工效率与建筑品质的基础。

由于 PC 构件生产线的建设周期较长，通常需要 3～4 个月才能完成，这为项目规划带来了挑战。此外，混凝土预制构件因体积庞大且重量较高，其运输依赖于专用构件运输车辆，导致物流成本较高。因此，为控制运输成本，PC 构件生产线的服务范围通常限制在 200 公里以内。在生产环节中，为确保质量控制和便捷检测，大多数 PC 构件在工厂完成。然而，对于一些特殊构件或超大型构件，因受道路运输和现场条件的限制，也可选择在符合标准的施工现场进行预制，以满足项目的实际需求。

PC 构件具有如下特点：①能够实现成批工业化生产，节约材料，降低施工成本。②有成熟的施工工艺，有利于保证构件质量，特别是进行标准定型构件的生产，预制构件厂（场）施工条件稳定，施工程序规范，比现浇构件更易于保证质量。③可以提前为工程施工做准备，施工时将已达到精度的 PC 构件进行安装，可以加快工程进度，降低工人劳动强度。④结构性能良好，采用工厂化制作能有效保证结构力学性，离散性小。⑤施工速度快，产品质量好，表面光洁度高，能达到清水混凝土的装饰效果，使结构与建筑统一协调。⑥工厂化生产节能，有利于环保，降低现场施工的噪声。⑦防火性能好。⑧结构的整体性能较差，不适用于抗震要求较高的建筑。

（二）混凝土预制构件的分类

混凝土预制构件种类繁多，根据其功能可分为结构构件、围护构件和其他构件，每类构件在装配式建筑中都有独特的功能与用途。

1. 结构构件

结构构件是装配式建筑中的核心受力组件，主要承担建筑物的结构荷载。常见的结构构件包括混凝土预制柱、预制梁、预制剪力墙以及预制楼层面板等。这些构件通常在工厂内通过标准化生产完成，确保加工精度后再运输至施工现场进行装配，以提升施工效率和质量。其中，混凝土预制叠合楼板是一种典型的结构构件。在施工过程中，预制板先完成安装定位，随后在其表面浇筑混凝土，使之形成整体化的结构楼板。这种设计不仅提高了楼板的整体刚度，还增强了建筑结构的抗震和承载能力，成为装配式建筑的重要组成部分。

2. 围护构件

围护构件用于建筑的围护体系，按照安装位置可分为混凝土预制外墙板和内墙板，按照材料种类可分为粉煤灰矿渣混凝土板、钢筋混凝土板、轻质混凝土板以及加气混凝土轻质板等。

混凝土预制外墙挂板：作为非承重构件，主要起围护作用，用于装饰和隔热。

混凝土预制叠合夹心保温板：由内外两层预制混凝土板构成，中间夹有保温材料，结合连接件形成具有保温性能的复合墙体。

3. 其他构件

装配式建筑中的其他预制构件种类多样，包括混凝土预制空调板、女儿墙、楼板、楼梯、阳台板以及装饰构件等。这些构件不仅满足建筑功能需求，还丰富了建筑外观和使用的多样性。

混凝土预制楼梯：在装配式施工中提供高效、标准化的楼梯解决方案，确保施工质量与安全性。

混凝土预制阳台板：适用于阳台的预制板材，既承受荷载又能满足建筑设计需求。

二、装配式混凝土建筑构件的生产工具与设备

(一) 生产工具

1. 扳手

用于模具的固定以及内埋件的安装固定，是保障模具精确定位和内埋件稳固的关键工具。

2. 钢卷尺

钢卷尺主要用于材料尺寸的校准，确保加工材料的尺寸符合设计要求，为精确生产提供依据。

3. 滚筒刷

滚筒刷用于涂刷缓凝剂和涂膜剂，确保混凝土表面处理均匀，提高脱模效果和成品质量。

4. 塞尺

塞尺用于检测模具摆放的标准性，确保模具的安装位置符合规范，从而保证生产精度。

5．墨斗

墨斗通过墨线绘制标准线，用于模台上的精确定位，确保构件制作符合设计规格。

6．橡胶锤

橡胶锤用于放置磁盒时调整模具位置，通过轻敲实现模具的微调，保证定位精确而不损伤模具或磁盒。

7．磁盒

磁盒通过强磁芯与钢模台的吸附力，利用导杆将力传递至不锈钢外壳，并通过高硬度紧固螺丝施加下压力，将模具牢固固定于模台上，是模具定位和保持稳定的重要组件。

8．防尘帽

防尘帽用于防止尘土、泥沙及雨水进入孔洞，有效保护孔洞不被堵塞或锈蚀，确保构件生产过程中孔洞保持通畅并达到设计要求。

（二）生产设备

1．划线机

划线机用于在底模上快速且准确地标示边模、预埋件等位置。划线机的应用显著提高了边模和预埋件放置的精度和效率，为后续施工环节的顺利进行奠定了基础。

2．混凝土布料机

混凝土布料机通过定量布料的方式，将均匀的混凝土添加至构件模具中，确保混凝土分布均匀，优化构件成型质量，避免局部厚薄不均。

3．振动台

振动台用于布料完成后的混凝土振捣密实工序。振动台通过其组成的固定台座、振动台面、减振提升装置、锁紧机构、液压系统和电气控制系统，确保混凝土振实无气泡，从而提升构件的强度和稳定性。

4．养护窑

养护窑由窑体、蒸汽系统或散热片系统及温度控制系统组成，用于对混凝土构件进行分阶段养护。通过静置、升温、恒温和降温等步骤，使混凝土充分凝固，确保构件强度达到设计要求。

5．混凝土输送机（直泄式送料机）

该装置用于将搅拌站输出的混凝土存放并通过特定轨道输送至混凝土布料机中，其组成部分包括双梁行走架、运输料斗、行走机构、料斗翻转装置和电气控制系统，能够确保混凝土在运输过程中的连续性和精确性，有效支持布料环节的稳定运行。

6．模台存取机

模台存取机用于在生产线和养护窑之间完成模台的输送操作。模台存取机负责将振捣密实的混凝工构件及模具送入养护窑的指定位置进行养护，同时将养护完成的模具和构件取出并输送至脱模工位。设备由行走系统、大架、提升系统、吊板输送架、取/送模机构、纵向定位机构、横向定位机构及电气系统等组成，能够确保模台在不同环节间的高效流转。

7. 模台预养护及温控系统

模台预养护及温控系统用于对模台进行初步养护并精准控制温度，确保构件的初始硬化达到预期。系统由钢结构支架、保温膜、蒸汽管道、养护温控系统、电气控制系统及温度传感器组成，能够自动调控预养护温度和时间。养护通道由钢结构支架和钢-岩棉-钢材料组成的养护棚构成，模板和构件在输送线上经过该通道时，可通过自动化设备进行连续预养护。中央控制器采用工业级计算机，支持工艺温度参数的精确设定，实现全过程的智能管理。

8. 侧力脱模机

侧力脱模机主要用于脱模作业，将水平板模具翻转至85°～90°，便于构件的竖直起吊。侧力脱模机由翻转装置、托板保护机构、电气系统和液压系统组成。翻转装置由两个相同结构的翻转臂构成，其细分部件包括固定台座、翻转臂、托座和模板锁死装置。通过高效的翻转设计，侧力脱模机能够减少人工操作，提高构件脱模的安全性和便捷性。

9. 运板平车

运板平车用于将成品 PC 板从生产车间运送至堆放场。其车体由稳固的型钢结构和钢板组成，配备行走机构、电瓶和电气控制系统，确保运输过程的稳定性和高效性。

10. 刮平机

刮平机是混凝土施工中的重要设备，其主要作用是在布料机完成混凝土浇筑后，将混凝土振捣密实并刮平，以确保混凝土表面达到平整光滑的效果。刮平机通常由钢支架、大车、小车、整平机构及电气系统等多个部分组成，各部分协同工作，确保混凝土表面的平整度和一致性。

11. 抹面机

抹面机主要用于对内外墙板的外表面进行抹平处理，以保证构件表面的光滑平整。其机头具备水平方向上的两自由度移动功能，能够适应不同形状和尺寸的构件表面抹光需求。抹面机的主要构成部分包括门架式钢结构机架、行走机构、抹光装置、提升机构以及电气控制系统等，这些部分共同协作，实现高效的抹面作业。

12. 模具清扫机

模具清扫机是专为清理脱模后的空模台而设计的设备，它能够有效清除模台上附着的混凝土残渣，从而保持模具的清洁状态，保证后续生产的质量。模具清扫机主要由清渣铲、横向刷辊、支撑架、除尘器、清渣斗以及电气系统等部分组成。各部分协同工作，实现对模具的高效清理，为后续的模具使用和生产提供有力保障。

13. 拉毛机

拉毛机用于对叠合板构件新浇筑混凝土的上表面进行拉毛处理，以增强叠合板与后续浇筑的地板混凝土之间的结合力。拉毛机的结构包括钢支架、变频驱动的大车及行走机构、小车行走装置、升降机构、转位机构、可拆卸的毛刷和电气控制系统，保证拉毛处理的均匀性和质量。

第二节　装配式混凝土建筑构件的生产工艺

一、PC构件的生产流程

PC构件的制作需严格按照设计图纸、相关标准、工程安装计划、混凝土配合比设计以及操作规程完成，以确保构件质量和安装精度。由于不同类别的构件在功能和结构上存在差异，其制作工艺也有所不同。

制作过程中，首先需根据设计图样对模具进行精准加工和组装，确保其符合尺寸及形状要求。随后，根据混凝土配合比设计，制备符合强度要求的混凝土，并通过自动布料设备将其均匀填充至模具中。对于不同类型的构件，如预制柱、预制梁、剪力墙或叠合楼板，其浇筑、振捣及养护环节会依据特性作相应调整。例如，叠合楼板需在预制板浇筑后进行表面拉毛处理，而剪力墙通常需要特别关注钢筋布置和节点细节。

此外，根据工程安装计划和工艺规程，在养护完成后对构件进行脱模、表面处理和检测，确保其尺寸、平整度以及强度等各项指标均达到设计要求。不同构件制作的细节差异，需要在标准化生产流程的基础上，结合实际需求做出针对性调整，以满足工程的具体使用要求。

二、混凝土预制叠合板构件的生产流程

（一）模台清洁与边模安装

在启动新构件的制作流程之前，对模台的彻底清洁是不可或缺的一步。模台上可能残留的混凝土碎片、砂浆等杂质，若不及时清理，将直接影响后续构件的质量。因此，需采用模具清扫机或手动的方式，确保模台表面光洁如新，无任何残留物。

完成清洁后，接下来需根据具体的生产工艺要求，精确安装边模，并确保其稳固牢靠。边模的准确安装对于构件的成型至关重要，任何细微的差错都可能导致成品尺寸或形状的偏差。此外，为了简化后续的脱模过程，避免成品与模具之间发生不必要的粘连，还需在模台表面及边模上均匀涂抹脱模剂。这一步骤虽看似简单，却对保证构件的完整性和表面光滑度有着不可忽视的作用。脱模剂的涂抹应均匀且适量，以确保最佳效果。

（二）钢筋加工与安装

钢筋加工应严格按照设计图纸和材料清单进行，每批钢筋在制作完成后，需经技术部门和质检部门验收后方可使用。加工过程中需特别关注尺寸精确性和质量控制，任何不合格的钢筋应立即剔除，避免影响构件性能。

为提高生产效率，钢筋加工宜采用机械化操作，尤其是叠合板中的钢筋桁架，因其结构复杂且质量要求高，建议选用专业化生产的成型桁架。安装钢筋网片和骨架时，应使用专用定位装置来确保尺寸准确。骨架吊装需配备多吊点装置，以避免钢筋变形。

钢筋骨架在安装时需保持平整，不得有锈蚀或油污附着，同时根据图纸要求安装钢筋连接套管及预埋件。保护层垫块宜采用塑料材质，按照梅花状排列并绑扎牢固，以保证钢筋位置固定，避免变形。

纵向钢筋和需要套丝的钢筋两端需平整加工，套丝长度及角度必须符合图纸规定，确保后续连接牢固。预埋件、螺栓孔和预留孔洞的设置应满足构件的安装和使用需求，同时保证安全性和耐久性。

（三）水电、预埋件及门窗的安装

在进行预埋件固定前，需全面核对其型号、材料数量、规格尺寸及平整度等参数，同时检查锚固长度和焊接质量，确保符合设计要求。安装预埋件时，应严格定位，防止在混凝土浇筑或振捣过程中发生位移，影响最终的施工效果。

电线盒、电线管及其他管线的预埋需牢固连接在模板或钢筋上，并对接缝及孔洞进行严密封堵，以避免混凝土施工时砂浆渗入造成堵塞或损坏。螺栓、吊具等组件的固定应使用专用卡具，同时需保护其螺纹部分，防止受污染或损伤。

钢筋套筒的固定需采用定位螺栓，确保其稳定安装在侧模上。灌浆口的方向和角度可通过将钢筋棍绑扎在主筋上进行精准定位，以满足施工工艺要求。

涉及门窗框和预埋管线的构件制作时，需在混凝土浇筑前提前完成安装并稳固。固定过程中，应对门窗框进行表面保护，避免施工材料污染框体。若采用铝合金门窗框，还需采取隔离措施，防止铝材与混凝土接触引发电化学腐蚀。此外，为避免温度变化或受力变形对门窗框造成不利影响，应结合实际情况采取相应的调节或加固方案，确保门窗及管线预埋的稳定性与功能性。

灌浆套筒的安装应符合下列规定：

1. 钢筋插入深度

安装连接钢筋与全灌浆套筒时，应逐根将钢筋插入套筒中，插入深度需满足设计中规定的锚固深度，确保连接强度达到要求。

2. 固定与垂直性

在安装钢筋时，需将钢筋稳固于模具上，确保灌浆套筒与柱底、墙底模板保持垂直状态。为防止混凝土浇筑或振捣时产生位移，应使用橡胶环或螺杆等固定件将灌浆套筒和连接钢筋牢牢固定。

3. 灌浆管与出浆管的定位

灌浆套筒的灌浆管和出浆管需安装稳固、位置精准，以保证后续施工时灌浆的顺畅进行，不影响连接质量。

4. 防漏浆措施

在混凝土浇筑过程中，为避免浆液渗入灌浆套筒内部，需采取有效的封堵措施，对灌浆套筒进行密封处理。

5. 半灌浆套筒的质量要求

针对半灌浆套筒连接，需特别关注机械连接端的钢筋丝头的加工质量和安装工艺，确保其符合相关技术标准，保证连接强度与施工质量的可靠性。

(四) 隐蔽工程验收

在进行混凝土浇筑前，对钢筋及与预应力相关的隐蔽工程进行详尽检查是确保施工质量符合设计规范要求的关键步骤。以下是需要全面核实的各项内容：

1. 钢筋配置

仔细核查钢筋的牌号、规格、数量、位置及间距，确保它们严格符合设计图纸的要求。

2. 纵向受力钢筋

检查纵向钢筋的连接方式、接头位置及其质量，同时验证接头面积百分率、搭接长度、锚固方式及锚固长度是否符合规范。

3. 箍筋细节

核验箍筋弯钩的弯折角度和平直段长度是否达到规范要求。

4. 混凝土保护层

测量钢筋的混凝土保护层厚度，确保其达到设计要求，以保障结构的耐久性。

5. 预埋件及固定

核对预埋件、吊环、插筋、灌浆套筒、预留孔洞以及金属波纹管的规格、数量、位置及固定措施，确保它们准确无误。

6. 预埋线盒与管线

检查电线盒和管线的规格、数量、位置及固定措施，确保符合设计图纸。

7. 夹芯外墙板

确认夹芯外墙板保温层的位置和厚度，以及拉结件的规格、数量和位置是否正确。

8. 预应力系统

核验预应力筋及其锚具、连接器、锚垫板的品种、规格、数量和位置是否符合施工设计要求。

9. 预留孔道与灌浆设施

检查预留孔道的规格、数量和位置，以及确定灌浆孔、排气孔和锚固区局部加强构造的完整性和正确性，确保它们满足施工需求。

全面完成以上隐蔽工程的检查，并确保每项指标均符合规范后，方可进行混凝土浇筑，以保障工程质量和施工安全。

(五) 混凝土浇筑

根据生产计划所需的混凝土用量，提前制备混凝土。在浇筑前，需对预埋件及外露钢筋部分采取防污染措施，确保施工过程中保护好钢筋网片、预埋件和模具等重要部件，避免发生变形或位移。如出现偏差，应立即纠正。

混凝土浇筑需均匀、连续进行。从混凝土出机到浇筑完成的时间应严格控制，气温高于25℃时不得超过60分钟，气温不高于25℃时不得超过90分钟。投料高度不宜超过600mm，并需均匀摊铺以保证成型质量。

在浇筑过程中，应按设计要求在构件表面制作粗糙面和键槽，同时取样制作混凝土试块以便后续检测。带保温材料的预制构件，宜采用水平浇筑方式。保温材料应在底层混凝土初凝前铺设，并确保稳固；多层保温材料铺设时，上下层接缝需错开以避免热桥问题。当采用垂直浇筑工艺时，保温材料应在混凝土浇筑前固定到位。连接件穿过保温材料的部位需填实混凝土，构件制作时应检查连接件的定位偏差，确保符合设计标准。

(六) 混凝土振捣

振捣宜采用机械设备进行，振捣设备的选择应根据混凝土的品种、性能以及构件的形状和规格进行匹配，并制定明确的操作规程。在使用振捣棒时，应注意避免触碰钢筋骨架、预埋件或表面装饰材料，防止其损坏或位移。

振捣过程中需随时检查模具是否漏浆、变形，预埋件是否移位，确保混凝土密实且成型均匀，避免因漏振产生蜂窝或麻面等缺陷。振捣完成后，应至少进行一次抹压处理，确保表面平整。

在构件浇筑完成后，应进行一次表面收光，并对外露的钢筋和预埋件进行全面检查，根据设计要求进行必要调整，确保构件符合质量标准和设计规范。

(七) 养护

在预制构件的养护过程中，根据具体条件优先选择自然养护。对于体积较大的梁、柱类构件，自然养护是较为适宜的方式，而楼板、墙板等较薄的构件或冬季生产的预制构件，建议采用蒸汽养护。

在采用加热养护时，应合理制定养护制度，通过精确的温度控制防止构件出现温差裂缝。养护需满足以下要求：

1. 选择养护方式

根据具体构件的特点及生产需求，灵活选择养护方式。常见的养护方式包括自然养护、自然养护结合养护剂使用，以及加热养护等。每种养护方式都有其适用场景和优势，需根据实际情况进行合理选择。

2. 保湿覆盖

混凝土浇筑完成后，应立即进行保湿覆盖。在脱模之前，覆盖物不得随意揭开，以确保混凝土保持适宜的湿度，促进水泥的水化反应，提高构件的强度和耐久性。

3. 涂刷养护剂

在混凝土达到终凝状态后，应及时涂刷养护剂。养护剂的选择应基于构件的具体要求和环境条件，涂刷时应确保均匀覆盖，以提高养护效果，减少水分蒸发，保持混凝土表面湿润。

4. 加热方式

若采用加热养护方式，需根据试验数据制定适宜的养护制度。常见的加热方式包括蒸汽加热、电加热以及模具加热等。每种加热方式都有其独特的优缺点，选择时应综合考虑构件尺寸、形状、材料以及环境条件等因素，确保加热均匀、温度控制准确，以达到最佳的养护效果。

5. 温控要求

加热养护时，建议在常温下预养护 2~6 小时，升、降温速度不宜超过 20℃/h，最高养护温度不应超过 70℃。夹芯保温外墙板的最高养护温度应控制在 60℃ 以下，以避免保温材料因高温变形影响质量。

（八）脱模、起吊

脱模和起吊环节需谨慎操作，以防止构件因温差或应力集中导致裂缝或变形：

1. 温差控制

脱模时，应确保构件表面温度与环境温度的差异不超过 25℃。这是为了防止因蒸汽骤降而导致混凝土构件发生变形或开裂。通过合理控制温差，可以有效减少温度变化对构件的负面影响。

2. 强度要求

在脱模和起吊之前，必须保证混凝土的强度满足设计的要求，并且不得低于 15MPa。这是为了保证构件在受力过程中具有足够的承载能力，避免因强度不足而导致的结构破坏。

3. 翻转与起吊

对于通过平模工艺生产的大型墙板和挂板类构件，建议采用翻板机将其翻转直立后再进行起吊。这样可以减少起吊过程中的应力集中，降低构件受损的风险。

4. 特殊构件加固

对于带有较大门洞或窗洞的墙板等特殊构件，在脱模和起吊时，需要对关键部位进行加固处理。这是为了防止因受力不均而导致构件扭曲变形或开裂，确保构件的结构完整性和安装稳定性。加固措施应根据构件的具体形状和尺寸进行合理设计，以确保其有效性。

（九）表面处理

脱模后的预制构件在表面处理前需进行质量检查。对于不影响结构性能及钢筋、预埋件或连接件锚固的局部破损，以及非受力裂缝，可使用修补浆料进行修复后投入使用。如构件外装饰材料（如瓷砖、石材等）有破损，也需及时修补，确保装饰效果完好。

带有装饰性石材或瓷砖的构件，在脱模后应对装饰面进行清理和检查。清理时，需先去除缝隙中的预留封条及保护胶带，再使用清水刷洗干净。清理完成后，为防止后续施工污染装饰面，可对石材或瓷砖表面采取保护措施。

（十）质检

在预制构件出厂前，应进行全面的成品质量验收，确保符合设计及规范要求。检查内容包括：

1. 外观质量

仔细检查构件表面，确认无裂缝、破损、污染等明显缺陷。这些缺陷可能影响构件的强度和耐久性，必须严格把关。

2. 外形尺寸

使用测量工具核对构件的长度、宽度、厚度及其他几何尺寸，确保它们完全符合设计图纸的要求。任何尺寸偏差都可能影响构件的装配和使用效果。

3. 钢筋及预埋件

逐一检查钢筋、连接套筒、预埋件及预留孔洞的数量、位置和规格，确保它们与设计要求完全一致。这些部件对于构件的结构强度和稳定性至关重要。

4. 外装饰及门窗框

如果构件包含外装饰材料（如瓷砖、石材）或门窗框，需要检查它们的安装质量及完好性。这些部分不仅影响构件的美观度，还关系到构件的整体性和安全性。

在检查过程中，应严格遵循现行国家相关规范规定的检查方法和验收标准。一旦发现任何问题，应立即记录并采取相应的处理措施。同时，将质检结果详细记录并归档，以备后续追溯和参考。

（十一）构件标识

经质检验收合格的预制构件，应在其显著位置标识出构件型号、生产日期及质量验收合格标志。脱模后，需根据设计图纸对每个构件进行唯一编码，以便于后续的运输和安装管理。

预制构件生产企业需依据相关标准或合同要求，为所供应的产品出具质量证明书，详细标注重要技术参数。如有特殊要求的构件，还需附上安装说明书，以指导施工现场的正确操作。

三、预制（外）墙构件的生产流程

（一）PC 外墙板预制技术

1. 产品概况

PC 外墙板的厚度通常为 160mm、180mm 等，在构件生产阶段即完成了外饰面砖和窗框的安装，使得现场施工仅需完成窗扇和玻璃的安装工作。这种预制化设计极大地简化了现场操作，提高了施工效率，同时缩短了工期。然而，这种生产方式对工厂的生产工艺和技术能力提出了更高的要求。如何在保证构件精度的同时满足装饰效果和功能性，是对预制技术的一次全新考验，也是对制造企业专业水平的综合检验。

2. PC 外墙板预制技术重点

①PC 外墙板面砖与混凝土一次成型，因此保证面砖的铺贴质量是产品质量控制的关键。

②PC 外墙板窗框预埋在构件中，因此采取适当的定位和保护措施是保证产品质量的重点。

③由于面砖、窗框、预埋件及钢筋等在混凝土浇筑前已布置完成，因此对混凝土的振捣提出了很高的要求，这是生产过程控制的重点。

④由于 PC 外墙板厚度比较小，侧向刚度比较差，对堆放及运输要求比较高，因此产品保护也是质量控制的重点。

⑤要保证 PC 外墙板的几何尺寸和尺寸变化，钢模设计也是生产技术的关键。

3. PC 外墙板生产工艺

PC 外墙板的生产区域位于厂区西侧，规划采用 6 个直线排列的生产模位，具体布置依据生产进度灵活调整。蒸汽管道根据模位分布重新设计走向，同时利用现有管线实现资源高效配置。蒸养和脱模完成后，构件直接吊运至翻转区，通过翻转设备竖立后有序堆放，确保运输和储存的便捷性。钢筋加工由车间负责完成，加工成型后，钢筋骨架在靠近生产模位的场地进行绑扎，最大程度减少内部运输环节。混凝土则由厂区内的搅拌站集中供应，保障材料的稳定性和及时性。

生产过程采用标准化钢模进行操作，钢筋加工后整体绑扎并吊装至模板内，确保定位准确。完成混凝土浇筑后，构件进入蒸汽养护阶段。整个生产流程遵循流水化模式，涵盖模板清理、钢筋绑扎、饰面砖粘贴、窗框安装、预埋件固定、混凝土施工、蒸养脱模及构件搬运等各环节。每道工序均由熟练工人负责操作，人员相对固定以确保工艺的稳定性和效率。

（二）模具设计与组装技术

1. 模具设计

由于建筑设计和安装需求的多样性，PC外墙板的尺寸、形状复杂，对外观和尺寸精度要求极高，长度和宽度误差需控制在3mm以内，弯曲度也不得超过3mm。为此，模具设计必须兼顾强度、刚度、稳定性和平整度，同时具备灵活性以适应不同规格。

经过分析，确定采用平躺式模板方案，模板由底模、外侧模和内侧模组成，可使墙板正面和侧面与模板紧密贴合，确保外露面的平整光滑。翻转操作则通过吊环实现90°旋转，既保证了质量又简化了操作流程。

2. 模具组装

（1）底模安装与固定

在生产模位区域，根据外墙板生产需求合理安排钢模布置。底模安装后需进行水平调整，以避免底模不平影响构件成型质量。调平完成后，通过膨胀螺栓将底模牢牢固定在地坪上，确保生产过程中底模稳定不移位。模板定位采用可调螺杆，以提高安装精度，避免传统木块定位方式造成的误差问题，从而有效保障成品尺寸的准确性。

（2）模板组装要求

组装钢模前，需彻底清理模板表面，确保无任何残留物，避免影响构件成型效果。隔离剂需均匀涂刷，确保模板脱模顺畅，杜绝漏涂或流挂现象。模板组装后需确保其平直紧密，尺寸精确，无倾斜。特别是端模的固定，其准确性直接关系到墙板的长度，应采用螺栓和定位销双重固定方式。为保持模板精度，还需定期检查底模平整度，发现偏差及时校正，确保生产过程稳定可靠。

3. 预制构件生产技术操作要求

（1）面砖制作与铺贴

①面砖制作。本次PC外墙板使用45mm×45mm小块瓷砖，且瓷砖在工厂预制阶段与混凝土一次成型。

在PC外墙板预制中，若瓷砖逐块粘贴至模板，容易出现对缝不齐的问题，从而影响建筑整体的美观度。为解决这一问题，预制过程中采用成片的平面面砖和成条的角砖，以提高施工精度和效率。

平面面砖的尺寸为300mm×600mm，角砖的长度为600mm。这些砖块在专用模具中摆放时，需嵌入分格条确保排列整齐，随后压平并贴上保护贴纸，再用专用工具压实，使瓷砖牢固固定成片。平面面砖通过内嵌泡沫塑料网格嵌条的方式将小块瓷砖连接为整体，外层采用塑料薄膜覆盖粘贴，以保证运输和施工的方便性。角砖则以类似方式连成条状，确保预制墙板转角部位的拼接一致且美观。

②面砖铺贴。PC外墙板的面砖与混凝土一次成型，粘贴质量直接影响建筑外观。粘贴前需清理模具表面，确保无杂物残留。根据面砖尺寸在底模上画线后试铺，确保缝隙平直，再正式粘贴。面砖从底部向上依次粘贴，用双面胶固定，确保牢固且间隙

均匀，防止浇筑时移动。

为防止钢筋安装时损坏面砖，可在面砖上垫木块，将钢筋骨架暂时置于木块上，移除木块后缓慢放置钢筋骨架，避免压碎或移位，确保面砖粘贴和构件质量。

（2）窗框及预埋件安装

①窗框制作。PC外墙板的窗框在构件生产时直接预埋，因此窗框节点处理需充分考虑与混凝土的锚固效果。铝窗加工时，不仅要根据图纸确定尺寸，还需兼顾墙板生产的实际可行性。加工完成后，需对窗框表面贴保护膜，并在上下、左右及内外方向做好明确标识。同时，还需提供金属拉片等辅助部件，以确保安装的稳定性和整体质量。

②窗框安装。安装窗框时，需根据图纸尺寸要求将窗框准确固定在模板上，确保上下、左右及内外方向无误。固定方法是在窗框内侧放置与窗框厚度相同的木块，并通过螺栓将木块与模板连接，以避免混凝土成型和振捣时窗框发生变形。

窗框与混凝土的连接采用专用金属拉片，间距应控制在40cm以内，以保证窗框与墙板的牢固结合。在墙板的预制过程中，需全程保护铝窗框，用塑料布遮盖窗框防止污染，同时在吊装完成前不得撕掉保护贴纸。窗框与模板的接触面用双面胶进行密封保护，确保窗框位置准确且表面不受损坏。

③预埋件安装。预埋件的位置和质量直接影响现场施工，为确保其精度，需使用专用吸铁钻在模板上进行打孔，严格控制预埋件的定位和尺寸。螺孔定位完成后，使用配套螺栓将其封闭，以防生产过程中杂物进入，造成堵塞。构件出厂前再拆除这些螺栓，确保预埋件的功能完好和安装顺畅。

（3）钢筋骨架

①钢筋成型。

a. 半成品钢筋切断、对焊、成型均在钢筋车间进行。钢筋车间按配筋单加工，应严格控制尺寸，个别超差不应大于允许偏差的1.5倍。

b. 钢筋弯曲成型应严格控制弯曲直径。HPB 235级钢筋弯折180°时，D≥2.5 d；HRB 335、HRB 400级钢筋弯折135°时，D≥4 d；钢筋弯折小于90°时，D≥5 d（其中D为弯心直径，d为钢筋直径）。

c. 钢筋对焊应严格按《钢筋焊接及验收规程》操作，对焊前应做好班前试验，并以同规格钢筋一周内累计接头300只为一批进行三次拉弯实物抽样检验。

d. 半成品钢筋运到生产场地，应分规格挂牌、分别堆放。

②钢筋骨架成型。PC外墙板作为板类构件，其主筋保护层厚度较小，因此钢筋骨架的尺寸精度要求极高。钢筋骨架的制作采用分段拼装方式，先在模外预绑小梁骨架，再在模内进行整体拼装和连接。为确保保护层厚度的准确性，采用专用塑料支架固定钢筋骨架，既保证了保护层的均匀性，又提高了生产精度。

（4）混凝土浇捣

①浇捣前检查。在浇捣混凝土前，应全面检查模板、支架、已绑钢筋和预埋件的

状态，确保各项准备工作符合要求。检查重点包括钢筋是否清洁无油污，预埋件位置是否准确等，确保无误后方可开始浇捣。

②振捣方式调整。为避免损坏面砖，振捣混凝土时采用平放插入式振动器代替传统的竖直振动方式。振捣需充分，直至混凝土停止下沉，气泡消失，表面形成薄层水泥浆且平整一致。

③动态观察。在混凝土浇捣过程中，需随时观察模板、支架、钢筋骨架、面砖、窗框及预埋件的状态。如发现异常情况，应立即停止浇捣，采取措施调整后再继续。

④间歇控制。浇捣混凝土应连续进行，若需间歇，时间不得超过以下限值：气温高于 25℃时，间歇时间不超过 1 小时；气温低于 25℃时，间歇时间不超过 1.5 小时。

⑤抹面处理。混凝土浇捣完成后，需进行抹面处理。为保证墙板的平整度与尺寸精度，采用铝合金直尺进行抹平作业，尺寸误差可控制在 3mm 以内，相较传统人工木板抹平法，效率和精度大幅提高。

⑥拉毛处理。混凝土初凝阶段，对构件与现浇混凝土的连接部位进行拉毛处理。拉毛深度约为 1mm，条纹应顺直，间距均匀整齐，以提高连接效果和后续施工质量。

（5）蒸汽养护

①PC 外墙板作为薄壁结构，因其易产生裂缝的特性，宜采用低温蒸汽养护的方法。在实际操作中，于原生产模位上，采用向专门定制的可移动式蒸养罩内通入蒸汽的方式实施养护。这一举措不仅优化了生产操作空间，还显著提升了预制构件的养护质量，使得脱模起吊与出厂运输时的强度均能满足设计要求。

②蒸汽养护流程由厂内中心锅炉房起始，通过专用管道将蒸汽输送至生产区，再经由分汽缸分配至各生产模位。蒸汽在各模位通过蒸汽管均匀喷出，实现蒸养的目的。蒸汽养护具体分为静停、升温、恒温和降温四个阶段：静停阶段自混凝土全部浇捣完毕开始计时；升温速度需控制在不大于 15℃/h；恒温阶段温度则维持在 55±2℃ 范围内；降温速度不宜超过 10℃/h。整个蒸汽养护流程遵循以下顺序：静停 2 小时→升温 2 小时→恒温 7 小时→降温 3 小时→养护结束。若蒸汽养护环境温度低于 15℃，则需相应延长升温和降温的时间。

③蒸养罩的开启需满足一定条件，即墙板温度与周围环境温度的差异不大于 20℃ 时，方可进行拉开操作。

四、装配式混凝土建筑构件的质量管理

装配式混凝土建筑构件的质量管理是确保构件符合设计标准和安全要求的核心环节。企业需要配备专业的质量管理人员，并确保这些人员与生产团队紧密协作，从而对各个环节实施严格控制。通过对原材料、生产过程和成品的全方位检测和控制，企业能够有效保证构件的质量，并为建筑工程的安全性提供有力保障，进而提高企业的市场竞争力。

（一）原材料质量控制

混凝土的质量直接影响到构件的性能和耐久性，因此其原材料的选择和管理至关重要。

水泥：应选择强度等级不低于42.5的硅酸盐水泥或普通硅酸盐水泥，确保水泥的强度和抗压性符合要求。

细骨料：宜选用细度模数为2.3～3.0的中粗砂，砂粒均匀且含泥量低，避免对混凝土的强度和工作性产生负面影响。

粗骨料：应选择粒径为5～25mm的碎石，确保其颗粒形状合理，且不含有害物质，保证混凝土的抗压性能。

粉煤灰：应符合Ⅰ级或Ⅱ级粉煤灰的技术要求，避免因不合格粉煤灰引起的混凝土耐久性问题。

外加剂：所有外加剂的选择应通过实验室测试，并确保其符合环境保护和使用标准。特别是在预应力混凝土构件中，必须杜绝含有氯化物的外加剂。

混凝土强度：预制构件的混凝土强度等级应不低于C30，且预应力混凝土构件的混凝土强度应不低于C40，确保混凝土的长期性能和安全性。

（二）生产过程质量控制

在生产过程中，质量控制的重点是确保每一环节的精准执行，以避免因操作不当或设备问题造成产品质量不达标。

模具与模板管理：严格控制模具的清洁和精度，确保模具不变形，能够满足构件形状和尺寸的要求。模具安装完成后，必须进行详细的检查，确保其安装正确、牢固，避免因模具问题导致尺寸误差或表面缺陷。

钢筋加工与安装：钢筋的加工应按照设计图纸的要求进行，确保钢筋的规格、数量和位置准确。特别是在安装过程中，应避免钢筋变形，确保其正确就位。钢筋骨架的安装应采用专用定位工具，以确保其稳定性和尺寸的准确性。

混凝土浇筑与振捣：混凝土浇筑时，应采用适当的振捣方式，避免混凝土因振捣不均匀而产生气泡或空洞。振动器应均匀插入混凝土内，避免因操作不当导致面砖破损或结构空隙。

温控与养护管理：混凝土浇筑完成后，应根据具体情况进行蒸汽养护或自然养护。在蒸汽养护过程中，要控制升温和降温的速度，确保混凝土的强度逐步增长，同时避免因温差过大而产生裂缝。养护期间，要定期检查温度和湿度，确保养护过程的稳定性。

第三节　装配式混凝土建筑构件的运输与吊装

一、装配式混凝土建筑构件的脱模与起吊

(一) 构件脱模

装配式混凝土结构预制构件的脱模是生产过程中的关键环节，直接关系到构件的外观质量与后续施工的顺利进行。在脱模过程中，必须严格遵循以下步骤和要求：

1. 抗压试验合格后拆模

在拆模之前，应进行同条件试块的抗压试验。试验结果达到设计要求后，方可进行拆模操作，以确保预制构件的强度满足使用要求。

2. 边模拆卸

拆下的边模应由两人共同抬起，轻放至指定的清扫区，并及时送至钢筋骨架绑扎区域进行下一步操作。所有工具、螺栓及其他零部件应按照规定存放在指定位置，保持生产环境的整洁和工装的完好。

3. 清理作业区

模具被拆除后，应对底模周围进行彻底清扫，并清理现场的杂物，确保工作区的卫生，防止混凝土残留物影响后续生产。

4. 拆卸侧模

使用电动扳手拆卸侧模的紧固螺栓，拆卸时应打开磁盒磁性开关，并在确保拆卸完毕后，将侧模平行移出。操作时需避免任何外力作用，以防模具变形，影响后续使用。

5. 严格控制拆模顺序

拆模必须严格按照操作顺序进行，严禁使用振动或敲打的方式进行拆除，以免对预制构件造成损伤。在拆模过程中，必须仔细检查，确认模具与构件之间的连接部分已完全松脱，方可进行起吊。

6. 起吊要求

构件脱模后，只有当混凝土立方体抗压强度达到设计要求时，才能进行起吊操作。此时，需要确保构件的稳定性和安全性，防止起吊过程中发生意外。

(二) 构件起吊

1. 起重机的选用

起重机的选用需要综合考虑厂房的跨度、构件质量、吊装高度、施工现场的空间限制以及现有的起重设备条件等因素。根据不同的厂房类型和吊装要求，起重机的选

用可以分为以下几种情况：

（1）中小型厂房

对于平面尺寸较大、结构高度不高的中小型厂房，通常选用自行式起重机或桅杆式起重机。这类起重机结构简单、机动性强，适用于空间相对较为宽敞且吊装要求较低的场地。

（2）结构较大、高度较高的厂房

对于结构高度和长度较大的厂房，推荐选用塔式起重机来吊装屋架。塔式起重机具有较强的承载能力和较大的工作幅度，适合吊装较高且较重的构件。

（3）大跨度重型工业厂房

对于大跨度的重型工业厂房，尤其是在进行设备安装时，建议使用大型自行式起重机、重型塔式起重机或大型牵缆桅杆式起重机。这些起重机能够承载较大的重量，适应复杂的吊装需求，确保安全高效地完成大跨度、重型构件的吊装作业。

2. 构件起吊的要点

①在预制构件的脱模与起吊环节，必须确保构件在同条件养护下的混凝土立方体抗压强度达到设计要求，此要求一般不得低于 $15N/mm^2$。若设计文件中未明确具体的脱模强度标准，则需在混凝土强度达到设计标准值的 50％ 时，方可实施起吊作业。

②工厂应编制详尽的预制构件吊装方案作为吊装作业的操作指南，确保作业过程规范有序。

③构件的脱模操作必须严格遵循技术部门下发的"构件拆（脱）模和起吊"专项指令，确保操作准确无误。

④在模具的装配与拆卸过程中，操作人员应严格遵守操作规程，严禁使用锤击、冲撞等不当手段，以防损坏模具或构件。

⑤在吊装墙板及叠合楼板前，建议采用起重机或木制撬杠等工具，提前释放构件与模具间的吸附力，确保吊装顺利进行。

⑥起吊前，务必确认模具已完全开启，吊钩连接稳固无松动，且预应力钢筋（钢丝）已全部放松并切断，确保起吊安全。

⑦起吊时，吊绳与构件水平方向所成角度不得小于 45°，若角度不足，需增设吊架或横梁以增强稳定性，保障作业安全。

⑧构件拆（脱）模起吊后，应对其外观质量进行全面细致的检查。对于不影响结构安全性的缺陷，如蜂窝、麻面、缺棱、掉角、副筋外露等，应及时采取有效的修补措施。

⑨若在脱模与起吊的过程中发现构件与模具粘连或构件出现裂缝等异常情况，应立即中止作业，并由专业技术人员进行分析，明确后续作业指令。

⑩构件起吊过程应平稳缓慢，确保每根吊绳或吊链受力均匀分布，防止构件受损或发生安全事故。

⑪用于检测构件拆（脱）模和起吊时混凝土强度的试件，应与构件同时制作并接

受同条件养护，以确保检测结果的准确性和可靠性。

二、装配式混凝土建筑构件的运输和堆放

（一）预制构件的运输要求

1. 运输要求

①场外公路运输前应完成路线勘测，选择适宜的运输路线，针对沿途障碍制定解决措施，对承运单位的设备、车辆及技术能力进行核查，并报交通主管部门审批，必要时可组织模拟运输。

②装车前检查构件标识是否清晰，质量是否达标，确认无开裂、破损等质量问题。

③起吊预制混凝土构件时，确保混凝土强度达到设计强度的75％以上。

④清理场内运输道路上的障碍物，保证道路畅通，为运输作业创造条件。

⑤核查场外运输路况，提前发现并解决可能影响运输作业的道路问题。

⑥准备好运输所需的材料、人员及机械设备，确保装车作业顺利进行。

⑦装车人员上岗前必须经过培训，掌握操作技能与安全规范，并按要求穿戴劳动防护用品。

⑧检查车辆及附属设备的技术状态是否良好，确认加固材料安全可靠。

⑨构件起吊前检查混凝土强度及吊装点的连接状态，确保连接牢固，无脱扣或松动现象。

2. 运输过程中的注意事项

①运输稳定性。运输PC构件时，车辆应配备专用支架，并采取可靠的稳定措施。车辆启动需缓慢，车速保持平稳，转弯及错车时应减速，同时注意构件的稳定状态，必要时在安全条件下及时加固。

②构件运输方式。PC外墙板和内墙板采用竖立运输方式，PC叠合楼板、阳台板和楼梯则宜平放运输，以减少运输过程中的受力变形。

③道路条件。施工现场的运输道路需平整坚固，防止车辆颠簸导致构件碰撞、扭曲或变形。进入现场的道路条件应满足PC构件运输的要求，确保运输安全顺畅。

④吊车选型与堆放。选择吊车时应依据最重墙板的重量，临时堆放区域应设置在吊车作业范围内且靠近吊车一侧，避免在吊车视线盲区内操作，提升作业效率和安全性。

⑤堆放区域管理。临时堆放区域应与其他工种的作业区域分隔，设置隔离带或封闭管理，尽量避免吊装作业经过其他工种区域，以减少对其他工作的干扰。

⑥安全标识。在运输及吊装区域应设置警示牌和标识牌，与其他工种保持安全距离，确保施工现场的安全秩序。

（二）运输堆放方式

预制构件运输通常使用低平板半挂车或专用运输车，根据构件类型选择适宜的固

定方式。楼板宜采用平面堆放方式运输，墙板可选择立式或斜放运输，而异形构件通常采用立式运输，以确保构件在运输过程中保持稳定，避免损坏或变形。

（三）构件码放与存放要求

1. 码放要求

①存放场地应进行硬化处理并设置有效的排水系统，确保场地干燥且无积水。构件堆放时应使用稳固的支垫，确保其稳定性。所有成品应按合格、待修和不合格进行分类堆放，并且每类构件均应清晰标识。

②对于预制外墙板，应采用插放或靠放方式堆放。堆放架需要具备足够的刚度，支撑要稳固。构件靠放时应确保其对称，且与地面的倾斜角度大于80°，并采取有效的绑扎固定措施防止其移动或倾倒。构件边角及接触面应采取衬垫保护，避免混凝土表面受损。薄弱部位如连接止水条、高低口、墙体转角等，应使用定型保护垫块或专用套件进行加固保护。

③在重叠堆放构件时，每层构件之间的垫木或垫块应垂直对齐，确保每层负载均匀。堆垛的层数应根据构件的荷载能力、地坪条件以及垫木的承载能力来确定，以确保堆垛的稳定性。构件堆放时，应确保预埋吊件朝上，标志朝外，且垫木或垫块应与脱模和吊装时的起吊点对准。

④当采用叠层平放方式堆放构件时，应采取防裂措施，避免构件在堆放过程中产生裂缝。

⑤对于叠合板和空调板的堆放，板底应设置通长垫木，以确保稳定性。每组堆放应以6层为宜，若不影响质量安全，可增加至8层。堆放时，按尺寸大小进行合理叠放。垫木的位置应在钢筋桁架的侧面，并在板两端（距板端200mm）以及板的跨中位置设置垫木，垫木的间距应根据承载要求计算，且上下垫木对齐。空调板应在距离板边1/5处放置，阳台板的最下层应设置通长垫木，叠放的层数不应超过4层。

⑥预制女儿墙应采取平放方式堆放，并在板的两端设置100mm×100mm的垫木，垫木位置距离板边1/5～1/4处。当预制女儿墙的长度较长时，需在中部增加适当的垫木以确保其稳定。

⑦楼梯的堆放应采用水平方式，端部应设置防撞垫木。堆放高度不应超过2层，每层之间应设置垫木，垫木的长度应大于两个踢步的长度，并且垫木位置应距离板边1/5～1/4处。

2. 现场存放注意事项

①堆放时，应根据吊装顺序、规格、品种及所用幢号房等进行分类堆放，不同类型的构件之间应留有宽度为0.8～1.2m的通道，以便运输和吊装操作，并确保良好的排水设施。

②临时存放区域应与其他工种作业区隔离开来，可以通过设置隔离带或封闭式存放区域来避免墙板吊装和转运过程中干扰其他工种的工作，防止发生安全事故。

③外墙板与内墙板可采取竖立插放或靠放方式。插放时应使用专门设计的插放架，架子应具备足够的刚性，并确保支垫稳固，以防止倾斜或下沉。墙板在码放时应避免磕碰外页板，支撑点的木方高度应考虑外页板的高度。

④墙板应升高离地存放，以保障根部面饰、高低口构造、软质缝条及墙体转角等部分不会受到损坏。特别是连接止水条、高低口、墙体转角等易损部位，需特别加强保护。

⑤预制构件进场后，应按照单元进行堆放，堆放时需核对每个单元的构件数量和型号，确保相同单元的预制构件尽量就近堆放，以提高运输效率。

⑥在堆放预制构件时，较重的构件应靠近塔吊一侧，以便更高效地进行吊装作业，并保证堆放的稳定性。

（四）构件装车与卸车

在装车作业时必须明确指挥人员，统一指挥信号。根据吊装顺序合理安排构件装车顺序，厂房内构件装车采用生产线现有行吊进行装车。

1. 装车注意事项

①装车时应指定专人进行现场指挥，吊装操作员按照指挥人员的指令进行作业。

②启动吊装时要平稳操作，避免构件棱角受到损伤。

③装车作业应安排专人调整垫木位置，缓慢下落，避免构件发生磕碰。

④对构件边缘和易损部位进行有效保护，防止其在运输过程中受到损害。

⑤装车完成后，检查构件的装载和加固情况，符合安全规范要求。

⑥加固材料的规格、数量和质量符合装载加固方案，连接部位牢固，预制构件底部与车板的距离不小于145mm。

⑦检查完毕后，在构件上粘贴反光条和限速标识，提升运输过程中的可见性和安全性。

2. 卸车注意事项

①卸车前，检查墙板专用吊具是否完好，特别是是否有裂纹、腐蚀等缺陷，同时核实墙板预埋吊环是否正常。

②在卸车时，确保吊具与墙板预埋吊环连接稳固，确认无误后才可进行起吊，检查吊具是否存在影响使用的损坏问题。

③起吊时，保持墙板垂直。通过吊运钢梁实现均衡起吊，避免由于单点起吊造成构件的变形，吊环的角度也应符合设计要求。

④呈角度起吊时，吊具的额定吊载需按吊载角度系数1.4进行调整。若发现墙板偏斜或重心不正，应及时进行修正，以防受力不均引发安全隐患。

（五）组织保障

项目部下设专门的应急支持小组，建立内部和外部沟通机制。项目经理亲自指导、指挥应急支持小组的日常工作，直接听取应急支持小组的各种报告，在特定的紧急状况下将召集会议，组织临时机构或者亲赴现场处理，直至紧急状况解除。各分组组长负责其职责范围内应急预案措施的组织、落实、实施。

1. 构件运输防护措施

①采用柔性垫片保护构件边角及连接处，防止混凝土损伤。

②使用塑料薄膜包裹垫块，避免预制构件表面被污染。

③对墙板、门窗框、装饰表面及棱角进行塑料贴膜或采用其他防护措施。

④在竖向薄壁构件上设置临时防护支架，确保运输过程中的安全。

⑤在装箱运输时，利用木材或柔性垫片将箱内四周填充紧实，确保支撑稳固。

⑥根据构件的特性，选择合适的运输方式进行运输。

⑦托架、靠放架、插放架应专门设计，并进行强度、稳定性及刚度验算，确保其承载能力合格。

⑧外墙板宜竖直立放运输，装饰面应朝外；梁、板、楼梯及阳台构件则宜采用水平运输方式。

⑨在采用靠放架立式运输时，构件与地面之间的倾斜角度应大于80°，且构件应对称摆放，每侧不超过2层。构件层之间的上部需用木垫块进行隔离。

⑩对于插放架直立运输，需采取措施防止构件倾倒，且构件之间应设置隔离垫块，以确保安全。

⑪在进行水平运输时，梁、柱构件叠放不宜超过3层，板类构件叠放不应超过6层。

⑫运输到现场后的构件应根据其型号、所在位置及施工吊装顺序，分别设置存放场地，且这些存放区域应位于吊车的作业范围内。

2. 运输基本应急措施

（1）天气突变应急预案

在运输过程中遇到突发天气变化，如降雨等情况时，项目部将立即采取措施，使用防水覆盖物对货物进行遮盖，并为运输车辆采取防滑处理，确保货物安全顺利抵达指定地点。

（2）车辆故障应急预案

运输前，项目部会提前安排备用车辆和维修人员待命，以应对可能出现的车辆故障。如途中出现故障，将立即调派维修人员进行修复；若无法修复，则迅速调动备用车辆，采取替代运输方案，确保货物及时运送至目的地。

（3）道路紧急施工应急预案

项目部将对运输路线进行充分勘察，并在运输前一天确认道路状况，确保路线畅通。但若遭遇紧急施工等路况问题，项目经理会亲自前往现场协调各方资源，制定应急方案并配合施工单位尽快解决问题，确保运输不受影响。

（4）道路堵塞应急预案

在构件运输过程中遇到交通堵塞情况时，应服从当地交通主管部门的协调指挥，加强交通管制。如遇集市或重大集会，宜改变运输计划，或者寻求新的通行路线，保证运输顺利。

（5）交通事故应急预案

在运输过程中，如遇交通事故，项目部将服从当地交通管理部门的指挥，及时调整运输计划。若是因集市、活动等原因造成通行困难，将考虑更换运输路线或推迟运输时间，确保货物顺利通过。

（6）加固松动应急预案

在运输过程中，若由于客观因素导致捆绑松动，随车的质量监控人员将立即分析松动原因，并制定可行的加固方案，对构件进行重新加固，确保运输过程中的稳定性与安全性。

（7）不可抗力应急预案

如在运输过程中遇到不可抗力事件，项目部应首先将构件安全安置在合适地点，确保其得到妥善保管。随后，利用所有可行手段及时通知业主，并在得到授权后进行应急处置。如果通信条件暂时无法恢复，项目部将做好现场记录并妥善保管设备，直到恢复与业主的联系或不可抗力事件得到解决。一旦不可抗力事件解除且运输条件恢复，项目部将在确保构件及人员安全的前提下，继续按计划推进运输工作。

（六）构件运输安全管理

1. 运输安全管理

（1）构件运输前准备

在构件运输之前，构件生产厂家应与施工单位负责人进行充分沟通，共同制定运输方案。该方案应涵盖构件的结构特点与质量要求、构件的装卸索引图、选定的装卸机械和运输车辆，以及构件的堆放方式。方案经双方确认并签字后，方可实施运输。

（2）装卸场地准备

装卸场地应提前进行硬化处理，以满足构件堆放和机械通行、停放的需求。场地不仅要能够容纳机械停放，还应具备足够的操作空间和回车道路，且空中和地面应无障碍物，确保安全作业。

（3）运输道路要求

场地内的运输道路应保持足够的宽度和坚实的路基，确保运输车辆顺利通过。特别是在转弯处，道路的最小半径需符合运输车辆的拐弯半径要求，确保运输安全。

（4）超大构件运输准备

对于超宽、超高或超长的构件，若需公路运输，必须提前向相关部门申请运输许可，并选择合适的时段，避开交通高峰期，确保运输过程不受影响。

2. 装车安全管理

（1）装车前准备

在装车前，应根据构件的质量、尺寸和形状选择合适的运输工具和支架。对于需要现场拼装的构件，应尽量将其成套装车，或按照安装顺序进行装车，以提高工作效率，减少装车过程中发生意外的风险。确保准备工作充分，避免在装卸、运输和装车过程中因准备不足而造成不便，甚至可能导致事故的发生。

（2）构件起吊操作

在构件起吊时，必须拆除与相邻构件的连接，并确保相邻构件得到牢固支撑，避免因起吊操作不当导致安全隐患。

（3）大型构件吊运方式

对于大型构件（如外墙板），建议使用龙门吊或行吊进行吊运；对于带阳台或飘窗造型的构件，应采用C型钩平衡吊梁进行吊运；对于小型预制构件，可以使用叉车或汽车起重机进行转运。

（4）龙门吊吊装检查

当使用龙门吊进行构件装车时，起吊前应检查吊钩是否挂好，并确保构件中的螺丝已拆除，以避免影响起吊过程的安全，使吊装工作顺利进行。

（5）运输架支设

构件从成品堆放区被吊出之前，必须根据构件的设计要求和强度验算结果，在运输车辆上设置合适的运输架。这样可以确保在运输过程中，构件得到充分的支撑，避免因支撑不当而引起的安全隐患。

（6）外墙板运输

外墙板应以竖直立放的方式进行运输，使用专门设计的支架进行固定。支架必须牢固地与车辆连接，确保构件在运输过程中保持稳定。特别注意的是墙板的饰面层应朝外摆放，以避免表面受到损坏，同时确保构件与支架的连接足够牢固，防止其松动或滑动。

（7）小型构件的运输方式

对于楼梯、阳台、预制楼板、短柱、预制梁等小型构件，应采用平稳的运输方式。在装车时，要确保支点位置精准，避免不当支撑导致构件位置发生偏移。特别是对于内隔墙，运输的数量和放置位置要严格按照设计要求进行安排，以确保运输顺利且不损坏构件。

（8）吊点的设置

吊装时，必须根据构件的形状和重心分布，合理选择吊点的位置。对于预埋吊具，应使用符合要求的吊钩或吊环，确保吊装过程中的稳定性和安全性。吊具的选择应根据构件类型和吊装要求进行适当调整。

（9）吊装方法和吊点要求

不论是装车还是卸车，构件的吊点和起吊方法都必须严格遵守设计方案。在具体操作时，吊点的位置要合理安排，确保吊装时构件不会倾斜或出现受力不均匀的情况。例如，采用两点起吊时，吊点必须高于构件的重心，避免因起吊不当导致构件变形或损坏。对于长条形或薄型构件，应根据设计要求，采用多个吊点或特制吊具，以确保起吊过程中的安全性和稳定性。

（10）构件搁置点

对于一般等截面构件，搁置点应设在构件长度的 1/5 处；对于板类构件，搁置点应距端部 200～300mm。其他类型的构件应根据受力情况合理确定搁置点，通常宜选择靠近节点处的位置，以确保结构的稳定性和运输安全。

（11）构件起吊与放置

起吊构件时，需确保构件始终保持水平状态，并以缓慢的速度进行起吊操作，同时要密切观察吊装情况。在放置构件时，落下动作应平缓，避免过快下落导致冲击，尤其在落架时要防止构件发生摇摆或碰撞，避免损伤构件的棱角或表面瓷砖。

（12）装车与卸车操作

构件装车时，要采取轻起轻落的方式，确保构件对称放置在车上，保持荷载分布均匀；构件卸车时，应遵循"后装先卸"的原则，确保车辆和构件的稳定性。装车时，应尽量将重型构件放置在车辆前端中央位置，而轻型构件应放置在车辆两侧，并适当降低其重心，以增强运输车辆的稳定性，确保行驶安全。

（13）平运叠放要求

采用平运叠放方式运输时，车上叠放的构件之间应使用垫木进行隔离，确保垫木厚度一致，并且所有垫木应在同一垂直线上。对于有吊环的构件，垫木的厚度应高于吊环的高度，且垫木上下要对齐，并牢固绑扎于车身，以确保构件在运输过程中的稳固性。

（14）构件间隔离保护

构件与车身以及构件之间应使用板条、草袋等隔离物，避免在运输过程中发生碰撞、摩擦或位移，确保构件表面不受损坏，减少运输过程中潜在的风险。

（15）构件固定与缓冲

在将预制构件固定于装车架后，需使用专用的帆布带、夹具或斜撑对构件进行夹紧和固定。帆布带应紧压在构件的棱角部位，并使用角铁进行隔离。在构件的边角位置或角铁与构件之间的接触部位，应使用橡胶或其他柔性材料进行衬垫，以起到缓冲作用，防止运输过程中构件发生损伤。

（16）重型长构件装车方向

对于不容易掉转且既重又长的构件，应根据其最终安装方向来确定装车的方向，这样可以在卸车时更方便地进行就位，从而提高施工效率，避免不必要的调整或额外的处理。

（17）临时加长车身

在需要临时加长车身时，应根据计算要求，在车身上排列一定数量（由计算确定）

的型钢（如工字钢、槽钢等）或大木方（截面200mm×300mm），并将其与车身连接牢固。装车时，构件的支点应放置在这些加长部分上，确保支点超出车身，超出的长度应由计算结果确定，以确保运输安全和稳定。

（18）抗弯拉索设置

对于抗弯能力较差的构件，在运输过程中应设置抗弯拉索。拉索的数量和捆扎点的位置应根据构件的实际情况进行计算，确保构件在运输过程中不会发生弯曲或变形，保持运输的安全性。

（七）运输过程安全控制

运输过程中的安全是构件运输的重要一环，运输前应对一些交通影响因素进行充分考虑，提前做好准备。

1. 运输前的准备

①组织相关人员（包括司机）对运输道路进行全面查勘，查勘内容涵盖沿途上空的障碍物情况、公路桥的允许负荷量、涵洞净空尺寸等关键要素。若沿途需横穿铁道，需准确查清火车通过道口的时间，并对司机进行详细交底。

②对于运输超高、超宽、超长构件的情况，应明确指定行驶路线，并确保严格执行。

③牵引车上需悬挂醒目的安全标志，超高的部件应安排专人照看，并配备必要的器具，以确保在遇到障碍物时能够安全通过。

④运输车辆应保持良好的车况，刹车装置性能需可靠。使用拖挂车或两辆平板车连接运输超长构件时，前车应设置转向装置，后车应设置纵向活动装置，并确保具备同步刹车的功能。

⑤混凝土预制构件装车完成后，应再次对装车后的构件质量进行全面检查。对于在装车过程中造成的构件碰损部位，应立即安排专业人员进行修补处理，确保装车的预制构件质量合格。

2. 运输基本要求

①场内运输道路必须保持平整坚实，经常进行维护，并确保具有足够的路面宽度和转弯半径。具体标准如下：载重汽车的单行道宽度不得小于3.5m，拖车的单行道宽度不得小于4m，双行道宽度不得小于6m；采用单行道时，应设置适当的会车点。载重汽车的转弯半径不得小于10m，半拖式拖车的转弯半径不宜小于15m，全拖式拖车的转弯半径不宜小于20m。

②构件在运输过程中应固定牢靠，以防止在运输途中倾倒，或转弯时因车速过高被甩出。驾驶员应根据路面情况合理掌握行车速度，道路拐弯时必须降低车速。

③采用公路运输时，若通过桥涵或隧道，需遵守以下规定：对二级以上公路，装载高度不应超过5m；对三、四级公路，装载高度不应超过4.5m。

④装有构件的车辆在行驶时，应根据构件的类别和路况合理控制行车速度，保持

车身平稳，密切注意行车动向，严禁急刹车，以防事故发生。

⑤成品运输时，必须使用专用吊具，并确保每一根钢丝绳均匀受力。钢丝绳与成品的水平夹角不得小于 45°，以保证成品处于平稳状态，应轻起慢放。

⑥成品水平运输时，运输车应配备专用垫木，垫木位置应符合图纸要求。运输轨道应在水平方向无障碍物，车速应平稳缓慢，以避免成品处于颠簸状态。如运输过程中发生成品损伤，必须退回车间进行返修，并重新进行检验。

⑦预制构件的出厂运输应制订详细的运输计划及方案。对于超高、超宽、形状特殊的大型构件的运输和码放，应采取专门的质量安全措施。

⑧预制构件的运输车辆应满足构件尺寸和载重的要求。装车运输时应遵守以下规定：装卸构件时应考虑车体平衡；运输时应采取绑扎固定措施，防止构件移动或倾倒；运输竖向薄壁构件时应根据需要设置临时支架；对构件边角部或与紧固装置接触处的混凝土，应采用垫衬加以保护。

⑨预制构件运输宜选用低平板车，并应采取可靠的稳定构件措施。预制构件的运输应在混凝土强度达到设计强度的 100% 后进行。如采用装箱方式运输预制构件，箱内四周应采用木材、混凝土块作为支撑物，构件接触部位应用柔性垫片填实并支撑牢固。

⑩构件运输应遵守以下规定：平面墙板可根据施工要求选择叠层平放的方式运输；复合保温或形状特殊的墙板宜采用插放架、靠放架直立堆放，插放架、靠放架应具有足够的强度和刚度，支垫应稳固，并宜采用直立运输方式；预制叠合楼板、预制阳台板、预制楼梯可采用平放运输，并应正确选择支垫位置。

3. 构件卸车及堆放

（1）卸货堆放前的准备

在构件运送到施工现场之前，必须对堆放场地的占地面积进行详细测算，并依据施工组织设计制定堆放平面布置图。混凝土构件的堆放区应根据构件的类型和型号进行合理的分区安排，确保堆放区域的集中性，以便于后期吊装时的二次搬运。堆放场地应确保平整且坚固，区域周围的松散土层需分层夯实，保证地基的承载力符合要求。

（2）构件场内卸货堆放的基本要求

构件堆放的地面必须平整且具有足够的坚固性，进出道路应畅通无阻，并确保排水系统良好，以防止由于地面不均匀沉降导致构件倾倒。堆放时，构件应按型号和吊装顺序有序排列，先吊装的构件应优先堆放在外侧或上层，并将构件上标有编号或标识的一面朝向通道一侧，以便于识别。堆放位置应尽量安排在安装起重机械的回转半径范围内，并充分考虑吊装的方向，避免在吊装过程中发生转向或二次搬运的情况。

此外，构件的堆放高度应合理规划，需考虑到地面承载能力、构件的重量及其堆放后的稳定性，避免超负荷堆放导致的地面沉降或堆放不稳问题。

（八）构件现场存放管理

预制构件运至施工现场后，需放置在专门的构件堆放区，并根据构件种类、大小、功能规划好存放要求。

1. 构件存放要求

①专用堆放区域。构件应当放置在专门的成品堆放区域，并根据构件的种类、大小、功能等因素合理规划存放要求。对堆放场地的占地面积进行精确计算，并依据这些数据编制堆放区域的平面布置图，确保空间利用最大化。

②场地平整与排水。堆放场地必须保持平整、坚实，并采取有效的排水措施，避免积水对构件造成不利影响。

③堆放方式。在堆放过程中，最底层的构件必须垫实，以确保稳定性。构件的吊环应朝上，而标识面应朝外，便于识别和操作。

④分类存放。混凝土预制构件的存放区域应根据构件的型号和类型进行合理分区，集中存放。各类构件之间应保持足够的间隙，或在构件之间放置木垫，以避免构件相互碰撞或摩擦，防止损坏。

2. 成品保护要求

PC成品保护应符合《装配整体式混凝土结构施工及质量验收规范》的规定。

①堆放层数控制。预制剪力墙、柱在进场后，堆放的层数不得超过四层，以防上层构件的重量对下层构件造成过大的压力，避免损坏。

②阳角保护。在预制剪力墙、柱的吊装施工前，应使用橡塑材料对其阳角进行保护，以防止运输和堆放过程中阳角受到碰撞而损坏。

③吊装操作规范。在预制剪力墙、柱的吊装过程中，应采取慢起、快升、缓放的操作方式。这一操作模式有助于避免构件在吊装过程中与建筑物发生碰撞，从而防止构件出现缺棱或掉角的情况。

④防止踩踏和偏位。在吊装过程中，预制剪力墙、柱安装完成后，不得允许施工人员踩踏预留钢筋或其他重要部位，以免导致钢筋偏位或构件损坏。

⑤外表面保护。对于预制外墙板上的饰面砖、石材或涂刷表面，可使用保护膜进行包裹保护，防止外表面在施工过程中受到损伤。

⑥防锈处理。暴露在空气中的预埋铁件应涂抹防锈漆，以防止铁件长时间暴露于空气中而发生锈蚀，确保其性能不受影响。

⑦螺栓孔及外露螺杆保护。预埋螺栓孔应使用海绵棒进行填塞，以防混凝土浇筑时孔洞被堵塞；外露的螺杆则应使用塑料帽或泡沫材料进行包裹，防止螺纹受到损坏或污染。

⑧易损部位保护。对于连接止水条、高低口、墙体转角等易受损的部位，应使用定型的保护垫块或专用保护套件进行加强保护，确保这些部位在施工过程中不受到意外损坏。

⑨外墙板门窗预埋件保护。在PC外墙板的吊装完成后，对于预埋的门窗框、管道孔等，应进行专门保护，防止其在后续施工中受到损伤或污染。

三、装配式混凝土建筑构件的吊装

（一）起重设备

1. 塔式起重机

塔式起重机简称塔吊，特点是塔身直立，起重臂可 360°旋转，适用于高空作业。由于其较大的工作幅度和高度，以及较高的效率，塔吊广泛应用于高层建筑和工业厂房的施工。塔吊根据结构的不同，分为轨道式、爬升式和附着式等类型，施工时能够根据实际需求灵活选择。

2. 自行式起重机

自行式起重机是通过自带动力在轨道或地面上移动的起重设备。常见的类型包括汽车起重机、轮胎起重机和履带起重机。它由上部的起重作业系统和下部的支撑底盘组成，具备起升、回转、行走等多种功能，适用于需要频繁移动的施工环境。

（二）塔吊布置

PC 楼的塔吊布置要考虑两个方面的因素：一是结构形式；二是最大起重量位置。对塔吊的位置需要进行充分考虑，以实现合理布置，这将有利于预制构件的吊装装配施工。

1. 塔吊选择

（1）施工现场选用塔吊的要求

①旋转半径。塔吊的旋转半径是指从吊钩最远点到回转中心的距离，一般为 40m、50m 或 60m。该半径需根据施工平面图的要求来确定，确保塔吊能覆盖到所有需要吊装的区域。

②起重高度。起重高度应考虑建筑物的总高度、安全生产要求、构件的最大吊装高度以及索具的长度，确保塔吊能够满足所有吊装作业需求。

③起重能力。塔吊的起重力矩由起重量与工作幅度的乘积决定。通常，起重能力应控制在额定起重力矩的 75% 以下，以确保设备的安全性和稳定性。

（2）遵循综合考虑、择优选用的原则

①单体塔吊配置。通常情况下，每个单体建筑配备一台塔吊，以保证各工种间的协调和作业效率。

②起重能力需求。塔吊的大臂范围内需具备足够的起重能力，以满足拆卸构件和吊装重物的要求。

③塔吊位置布置。塔吊的位置应根据建筑物的形态进行合理布局，通常采用居中布置，以确保覆盖施工区域的各个角落。

④附墙设计。塔吊应与现浇结构（如剪力墙或梁）连接，以增强稳定性，避免在吊装过程中发生晃动或倾斜。

⑤拆卸考虑。在塔吊的选择和布置过程中，应考虑其后期拆卸的方便性，尤其是在建筑施工结束后的拆除作业中，需要配备相应的辅助设备，如人货电梯。

2. 塔吊位置的选择要求

（1）塔吊覆盖面和供应面要求

①塔吊的旋转半径应尽量覆盖施工作业面，以确保吊装作业的全面性。

②塔吊旋转半径内不应有生活或办公区域，若存在，则需要采取额外的安全防护措施。

③布置塔吊时，应预留足够的空间安排后期施工电梯的位置，以免影响塔吊的工作范围和作业效率。

（2）两塔交叉作业要求

当两台塔吊的作业范围相交时，高塔的最低点与低塔的最高点之间的垂直距离应保持至少8m。如果塔吊大臂交叉幅度超过20m，垂直高度差应不小于10m，以避免操作冲突，提高安全性。

（3）与建筑物的安全距离

塔吊端部与周围建筑物及施工设施之间的最小距离应不小于0.6m。如果不足此距离，必须采取防护和隔离措施，确保施工过程的安全。

（4）"谁快谁高"原则

在施工过程中，应根据各楼层的施工进度调整塔吊的高度。即在某楼施工进度较快时，相应的塔吊需升得更高，以满足施工需求。各塔吊在顶升时应保持沟通与协调，避免相互干扰。

（5）施工现场交通要求

施工现场的循环交通道路应保持畅通，确保塔吊部件的运输车能够顺利进出现场。同时，需为汽车式起重机进场安装塔吊提供必要的措施，并制定安全事故应急救援预案。

（6）塔吊安装位置

在选择塔吊安装位置时，应充分考虑塔身锚固点与建筑物附墙的连接位置，确保塔吊平衡臂回转时不会与建筑物的突出部分发生冲突。

（7）安全距离要求

确定塔吊设置范围时，应确保塔吊的任何部位与架空输变电线路之间保持足够的安全距离，防止因操作或风力等因素发生意外接触。

（8）自升式塔吊安装

安装自升式塔吊时，应确保相邻塔吊的作业和顶升加节过程不会互相干扰，保证各塔吊在工作时的独立性和安全性。

（9）多塔作业时的高度差处理

当多台塔吊在同一施工范围内作业时，应合理处理相邻塔吊的塔身高度差，避免两台塔吊在吊装过程中发生干扰，确保作业的顺畅和安全。

（10）塔吊基础设置要求

①若塔吊设置在基坑内，标准节应避免与上部结构梁发生重叠，以免影响施工及安全性。

②塔吊应设置在地下室结构范围外，避免与主体基础发生重叠，确保基础的稳定性和塔吊的正常作业。

3. 塔吊操作规程

（1）使用前检查

在使用塔吊前，必须检查所有金属结构部件和外观情况，确保其完好无损。空载运转时，应确认声音正常；重载试验时，制动功能要可靠；安全限位装置和保护装置齐全、完好，且动作灵敏。确保各项设备符合安全标准后，方可作业。

（2）控制器操作要求

操作塔吊时，应按顺序逐步操作各控制器，严禁越挡操作。在改变运转方向时，应先将操作手柄归零，待电机完全停止转动后再进行换向操作，确保操作平稳，避免急开急停等不安全操作。

（3）故障处理

在设备运行过程中，如果发现机械异常，应立即停机检查，待故障排除后，方可继续操作，确保设备安全运行。

（4）操作人员要求

操作人员必须持证上岗，严禁酒后作业、用行程开关代替停车操作。严禁违章作业、擅离岗位或将机器交给未经授权的人员操作。

（5）重物吊运操作

吊运重物时，应先将其离开地面一定距离，确保制动可靠后，再继续进行吊运作业。

（6）"十不吊"和工作结束要求

遵守"十不吊"原则，即在特定情况下不吊装重物，如天气恶劣、风力过大等。作业完成后，应断电并锁好控制箱，确保塔吊停止运行，并做好后续的安全检查。

（三）钢丝绳和吊索选择

1. 钢丝绳选择

钢丝绳是起重机械用于悬吊、牵引或捆绑重物的挠性部件。它通常由多个直径为 $0.4 \sim 2mm$、抗拉强度为 $1200 \sim 2200MPa$ 的细钢丝按照一定规律捻制而成。常用的钢丝绳为双绕类型，由细钢丝捻成股，多个股绕成绳体。根据捻制方向的不同，钢丝绳的缠绕方式有同向绕、交叉绕和混合绕等。

2. 吊具选择

（1）吊索选择

吊索常选用 6×19 型号的钢丝绳（6 股，每股 19 根钢丝）。这种钢丝绳强度高，且吊装过程中不易发生扭结。吊索的安全系数为 6～7，大小和长度需根据吊装构件的质量与吊点位置进行计算。吊索与吊装构件的夹角应不小于 45°。

（2）卸扣选择

卸扣应与吊索相匹配，通常选用承载力等于或大于吊索承载力的卸扣。

（3）手拉葫芦选择

手拉葫芦常用于构件卸车时，需要根据卸车重量和操作空间选择合适的规格。

（四）PC 构件吊装安全管理

1. 吊装司索指挥安全须知

（1）吊装司索指挥人员的资质要求

吊装司索指挥人员必须持有有效证件上岗，且必须全面熟悉并严格遵守所在现场的各项安全生产规章制度，以及"起重吊装十不准"的具体规定。

（2）吊装司索指挥人员的职责

吊装司索指挥人员严禁擅自离开工作岗位，需充分发挥其作为塔吊操作人员重要辅助角色的作用，确保指挥信号的准确无误，保障作业流程的顺畅与安全。

（3）吊装司索指挥人员的现场作业规范

在作业过程中，吊装司索指挥人员需身处施工现场，确保采取的措施得当，安全定位准确。对于任何可能危及安全的作业行为或违章指令，吊装司索指挥人员有权坚决拒绝执行。

（4）吊装司索指挥人员的安全监督职责

一旦发现施工现场吊装作业中存在不安全的状况，吊装司索指挥人员应立即行使监督职权，及时制止不安全行为，防止事故发生。

（5）用人单位对吊装司索指挥人员的审核责任

用人单位在任用吊装司索指挥人员时，必须严格查证其身份证、岗位证和健康证的真实性与有效性，严禁人证不符的人员上岗作业，确保吊装作业队伍的整体素质与安全水平。

2. 司吊人员安全职责

（1）司吊人员作业条件

司吊人员必须在有专业司索指挥和挂钩人员的明确指示下进行工作，确保作业流程的规范与安全。

（2）吊车作业前检查

吊车在工作前，必须经过全面检查，包括但不限于机械部件、电气系统、液压系统等，确认无误且符合安全标准后，方可投入使用。

（3）指挥信号与通信保障

吊装现场必须确保指挥信号畅通无阻，司吊人员与司索指挥人员之间应配备有效的通信工具，保证信息传递的及时与准确。

（4）吊物限制

严禁超负荷吊物，对于冻结在地面上或被埋在土里的物件，禁止进行起吊作业，以防止发生安全事故。

（5）电线安全距离

在电线附近进行起吊作业时，必须确保吊钩、钢丝绳及重物与输电线的距离符合安全规定值，避免触电事故的发生。

（6）恶劣天气与地形限制

吊车不得在五级风以上、暴雨、地面松软不平、泥泞等恶劣天气和地形条件下进行起吊作业。同时，起吊作业时物件必须捆扎牢固，且捆扎位置正确，确保吊物的稳定性。

（7）夜间作业安全

夜间进行起吊作业时，工作区域必须有足够的照明设备，确保视线清晰。同时，应与附近的设备或建筑物保持安全距离，防止发生碰撞事故。

（8）吊杆下方安全区域

吊杆下方为禁止站人的安全区域，任何人员不得在此区域内停留或行走，以防止吊物坠落造成伤亡。

（9）服从指挥与拒绝无证指挥

司吊人员必须严格服从司索指挥人员发出的合法、有效的指挥信号。对于无证人员或不符合规定要求的指挥，司吊人员有权拒绝执行，确保作业安全。

3. 吊装施工安全要点

（1）吊装方案编制与审批

在 PC 楼施工前，总包单位应负责编制并审批专项吊装方案。该方案需由负责人对包括司索指挥、吊装司机在内的所有相关人员进行详细交底，并确保相关人员签字确认，以明确各自的责任与任务。

（2）人员资质要求

司索指挥、司机、起重吊装人员等关键岗位人员必须持有有效的特种作业证书，方可上岗作业。这是确保吊装作业安全的重要保障。

（3）吊装作业区域管理

吊装作业前，应明确划定吊装作业区域，并拉设警戒线，以警示非作业人员勿入。此举有助于维护作业现场的秩序与安全。

（4）吊装监护人员制度

应指定专门的监护人员，并明确告知其职责范围与要求。监护人员在吊装施工过程中需执行值守任务，保证作业现场的安全与规范。

（5）危害与应急预案交底

对可能发生的危害因素及相应的应急预案进行交底，使作业人员充分了解潜在风险及应对措施，提高应急处置能力。

（6）发布吊装令

在具备所有吊装作业条件后，方可发布吊装令，正式启动吊装作业。此举标志着吊装作业已进入规范、有序的执行阶段。

4. 预制构件吊装安全要点

（1）吊装前的设备检查

在进行 PC 预制构件的吊装前，必须彻底检查吊装挂钩及挂件的完好性，确保其没有损坏或故障，防止吊装过程中出现意外。

（2）吊装操作方法

吊装过程中要遵循"慢起、快升、缓放"的操作顺序，控制升降的速度。在下降至接近安装位置（约 1m 以内）时，方可允许人员接近并进行对接操作。

（3）平板吊装的稳定性

对于吊装平板类构件时，应确保吊点连接到四个不同位置，并进行试吊，以确保平面始终处于可控状态。特别是在塔吊作业中，操作人员需要保证吊运指令明确，避免误操作。

（4）桁架钢筋吊装安全

在吊装叠合板时，应确认桁架钢筋已经牢固勾挂并正确起吊，以防止发生钢筋滑落等风险。

（5）墙板和柱子支撑

吊装墙板和柱子后，应立即在顶部和底部设置两道可调支撑装置，以保证构件的稳固。支撑装置的高度应根据构件的实际高度进行调整，防止支撑不均匀导致的倾斜或位移。

（6）防范吊装风险

吊装 PC 柱时，除了要求精确就位外，还应特别关注吊装绳索的稳定性，避免因绳索断裂或松动带来的安全隐患。

（7）高处作业安全

吊装过程中，相关人员常需抬头观察高空作业情况，因此要特别注意高处坠落的防护措施，佩戴安全防护装备，防止意外发生。

（8）叠合板精确对接

在吊装叠合板时，要精准核对构件的对位情况，避免因吊装不当导致构件错位或损坏。

5. 构件吊装安全

（1）吊装令制度与安全保障

在执行吊装作业之前，必须先发布吊装令，并确保具备相关的安全生产条件。在实际吊装过程中，需安排专门的司吊人员和指挥人员，禁止吊装区域内进行交叉作业，非吊装人员应迅速撤离作业区域，以确保安全。

（2）吊具的定期检查与更换

吊具如钢丝绳的检查频率应根据使用情况适时增加，发现磨损或其他问题时应立刻更换。禁止使用自行编制的钢丝绳接头或不符合安全标准的吊具，避免因吊具不合格造成安全隐患。

（3）构件加固措施

在吊装大型空间构件或薄壁构件时，必须采取必要的加固措施，以防止构件在吊装过程中变形或损坏。应根据构件的特性选择适合的加固方案，确保吊装过程平稳进行。

（4）高空作业安全要求

所有在现场进行高空作业的人员必须佩戴符合安全标准的安全带，避免高处坠落事故的发生。

6. 大件吊装操作规范

（1）起重机的检查与试运转

在吊装作业开始之前，起重机司机必须对起重机进行全面检查，确保设备完好无损。应进行试运转，确认制动器和安全连锁装置的灵敏度，并确保机件的润滑油位合格。

（2）重心与吊点确认

工艺技术人员需核实吊装物品的重心和吊点分布，确保符合吊装要求，并确定起重耳板的尺寸。吊耳必须由具有中级以上资质的焊工焊接，且经过质量检验合格后方可使用。

（3）吊物捆绑与安全站位

现场司索指挥人员需检查吊物捆绑的平衡性和牢固性，确保衬垫措施到位。所有操作人员应站在重物倾斜方向的侧面，严禁站在重物倾斜方向或反方向的正面。

（4）吊装索具的检查与选择

所有吊装使用的索具必须由起重指挥人员进行检查，并根据吊运方案进行选择。所选索具的长度和钢丝绳夹角必须符合规定要求。在施工过程中，如出现工具或索具缺失，必须征得指挥人员同意后方可代用，并做好相关记录。

（5）试吊与检查

进行正式吊装前，应先进行试吊。当构件离地面约 100mm 时，暂停起升动作，检查索具、缆风绳、地锚等受力情况，确认没有问题后方可继续起吊。

（6）多机起吊的质量分配

当多台起重机协同吊装重物时，应确保各台起重机的吊装负载均匀，避免超过每台起重机的最大承载能力，以防发生安全事故。

第三章 装配式混凝土建筑的安装模块施工

第一节 装配式混凝土建筑的安装准备

一、施工准备

装配式建筑施工主要依赖塔吊作业，辅以汽车吊，采用机械化流水施工模式。吊装作业前，所有工序都需根据施工计划进行合理安排，并紧密协调配合。因此，施工准备阶段在装配式建筑施工中尤为关键，直接影响施工效率和安全性。其主要内容包括：

（一）施工配合准备

1. 图纸审查与构件检查

组织现场施工人员仔细审查施工图纸，核对构件的型号、尺寸以及预埋件的位置，逐一检查各项构件，准备相关施工记录表格。

2. 施工方案学习与协调

安排施工人员学习并熟悉施工方案、安全方案以及各工种之间的配合协调方案，确保各环节协调一致，避免产生误差或延误。

3. 吊装工安全教育与技术培训

专门组织吊装工进行安全教育与技术培训，使其熟悉墙板和楼板的安装顺序、安全施工技术要求、吊具使用方法以及指挥信号的操作等。

（二）施工现场准备

1. 施工现场运输条件

检查施工现场的运输道路是否畅通，并确保其具备车辆环形运输的条件，以提高运输效率和作业的顺畅度。

2. 施工安装专用工具和器具

在预制构件的施工安装过程中，需使用专用的安装工具和器具。这些工具和器具有助于提高施工安装的效率，同时保证构件安装的质量。

3. 起重设备种类及作业前的准备

施工中使用的起重设备包括塔式起重机、履带起重机、汽车起重机以及非标准起重装置（如拔杆、桅杆式起重机）。这些设备配套使用吊装索具和工具，确保吊装作业的顺利进行。

（1）塔式起重机

塔式起重机也称塔机或塔吊，是一种通过塔身上的动臂旋转及动臂上的小车沿动臂移动来实现起吊作业的起重机械。塔式起重机以其强大的起重能力和广泛的作业范围在建筑工程领域得到普遍应用。根据架设方式的不同，塔式起重机可分为固定式、附着式和内爬式三类。其中，附着式塔机通过锚固装置与建筑物沿竖向连接，特别适用于高层建筑施工。在装配式建筑中，采用附着式塔机时，需预先规划附着锚固点，通常选在剪力墙边缘构件的后浇混凝土区域，并采取相应的加固措施。

（2）汽车起重机

汽车起重机简称汽车吊，是安装在普通或特制汽车底盘上的起重机，其驾驶室与起重操纵室独立设置。该起重机具有良好的机动性和快速转移能力，在装配式混凝土工程中，主要用于低、多层建筑的吊装作业和现场构件的二次转运，以及塔式起重机或履带起重机的安装与拆卸。使用时需注意，汽车起重机禁止负荷行驶，不宜在松软或泥泞场地作业，作业时须伸出支腿并确保车身稳定。

（3）履带起重机

履带起重机是将起重作业部分安装在履带底盘上的流动式起重机，依靠履带行走。它具有起重能力强、接地比压小、转弯半径小、爬坡能力强、无须支腿即可作业、可带载行驶等优点。在装配式混凝土建筑工程中，履带起重机主要用于大型预制构件的装卸与吊装、大型塔式起重机的安装与拆卸，以及塔机吊装死角的作业。

（4）预制构件质量检查

需核对预制构件的混凝土强度，以及构配件的型号、规格、数量等，确保符合设计要求及吊装施工标准。

（5）吊装人员资质与工种转变

吊装人员需持证上岗，具备特种作业资格。与现浇混凝土建筑相比，PC 结构施工现场作业工人数量减少，特别是传统工种如模具工、钢筋工、混凝土工等大幅减少，而新增了信号工、起重工、安装工、灌浆工等新工种。这些新工种要求工人具备更高的专业知识和技术，需由务工人员转型为专业的装配式产业工人。

（6）场地设施要求

施工现场应设置 PC 构件运输车辆停放区域，该区域需进行地面硬化处理，并满足车辆承载力需求。

（7）预制构件临时固定与就位

预制构件需在现场进行临时固定，并准确就位。

（8）PC 构件需求计划与接收人员指定

需编制 PC 构件需求计划，并指定现场接收人员负责接收工作。

（9）钢筋移位校核

移位的钢筋需进行校核，确保准确无误。

（10）塔机作业环境要求

塔机的工作范围内不得有障碍物，且应设有堆放适量配套构件的场地。

（11）汽车吊作业范围要求

汽车吊的覆盖区域需满足预制构件的吊装需求。

（12）场内堆放管理

场内堆放地点需明确，并设置标识以便识别。

（13）道路与场地条件

道路和场地需平整、坚实，并设有可靠的排水措施。

（14）运输车辆停放区域承载力要求

PC构件运输车的停放区域需满足设计荷载70t的承载力要求。

（15）墙板定位标示

在墙板纵轴、横轴安装线边缘500mm位置的地面上，按工艺设计图纸将墙体的PC墙板编号用醒目颜色标示，并反复核对以确保定位准确，吊装时按图纸要求就位。

（16）叠合板定位标示

将所在部位的上层楼板叠合板编号同样用醒目颜色标示在地面上，并反复核对以确保无误，目的与墙板定位标示相同。

（17）楼梯与异形构件编号标示

楼梯构件、异形构件也需进行编号标示，以加快吊装速度并减少失误。

二、施工组织设计编制

在编制施工组织设计前，应详细掌握设计单位提供的相关设计资料。施工组织设计需符合现行国家标准《混凝土结构工程施工规范》中装配式施工质量验收的相关要求，同时要综合考虑装配式混凝土结构施工中涉及的多工序、多工种特点，以及传统施工与预制构件吊装交叉作业的协调需求。

（一）工程概况与编制依据

工程概况应包含项目名称、建筑面积、地理位置，以及建筑和结构的基本信息。编制依据需参考国家相关标准和规范。工程特点需说明结构设计特点、新技术应用及施工中的重点与难点。

（二）施工部署

施工部署包括管理目标和准备工作。管理目标通常涵盖质量、安全、进度和环保等要求。准备工作需从技术、材料、人力等方面入手，为施工提供有力支持。

（三）施工工期安排

施工工期安排需明确整体施工步骤、构件生产和标准层施工流程。在制订计划时，要考虑预制构件吊装与现浇施工的衔接,合理划分流程并协调各环节。同时关注起重设备作业的影响,优化作业安排,以提高效率并缩短工期。

(四) 设施布置计划

设施布置需综合考虑传统的办公、生活设施,以及施工便道、仓库和堆场等需求,同时结合预制构件的数量、类型、位置,以及运输条件和吊装设备的作业半径,制订科学合理的布置计划。

(五) 机具设备配置计划

依据施工技术方案,确定所需机械、吊具及设备的具体配置计划,确保施工过程中机具设备满足工艺要求。

(六) 预制构件的存放与吊装计划

根据施工进度合理安排构件厂的生产计划,结合交通条件,优化构件进场顺序,并制订详细的存放和吊装计划,确保各环节衔接有序、高效运行。

(七) 主要分项工程施工计划

分项工程施工计划需针对各工程的施工重点与难点制定具体工艺流程和方法,包括预制结构、模板、钢筋、混凝土及现浇结构等分项工程,确保各环节施工科学有序。

(八) 质量管理计划

装配式建筑对构件吊装和安装的质量要求较高,需明确管理目标,制定针对预制构件制作、吊装及施工过程的质量控制措施,并对重点施工段进行详细规划和组织实施。同时,加强施工人员的安装培训,确保工程质量达标。

(九) 安全管理计划

施工前应针对可能的安全隐患制定应急预案,并开展安全技术交底。安全管理计划应包括现场安全培训、构件运输、吊装和安装等作业规范的具体措施,保证施工安全可控。

第二节　装配式混凝土构件的安装流程

一、施工流程遵循的基本原则

(一) 预制构件与连接结构同步安装

在建筑主体施工中,预制混凝土构件与连接结构同步进行安装。工厂预制的混凝土构件运至现场后,与现浇混凝土结构同时施工,通过浇筑形成整体。具体方法是在主体施工初期,利用塔吊将预制构件吊装至结构层面并定位,与此同时,现浇柱和墙同步施工。在完成本层预制和现浇构件施工后,再进行整体混凝土浇筑,使其形成一体化结构。

（二）先柱梁结构，后外墙构件

装配式混凝土结构施工采用"先柱梁结构，后外墙构件"的安装模式，即主体结构施工时，先完成预制柱、梁、板等承重构件的施工，再安装外墙构件。在主体承重结构施工完成并达到设计强度后，将预制外墙运输至现场并安装到位，从而实现整体结构的完整性和稳定性。

二、装配整体式框架结构的施工流程

装配整体式框架结构体系以预制柱、预制梁和预制叠合楼板为主要构件，目前多应用于低层、多层及中高层建筑。该体系能够提供开阔的室内空间和灵活的布局方式，适应多样化的建筑功能需求。其节点设计简洁，连接方式稳定可靠，便于实现类现浇结构的设计目标。同时，与外墙板、内墙板及预制楼板的结合使用，可显著提升结构的装配化程度。

其标准层的具体施工流程为：预制柱的放线、吊装、固定及灌浆→预制梁的放线、吊装及固定安装→预制叠合楼板放样、安装及定位→叠合楼板钢筋绑扎、安装→预埋件安装，现浇节点及叠合楼板的混凝土浇筑、养护等工作。

预制柱连接节点的灌浆施工是预制构件施工中的核心工序，其质量直接关系到工程的整体可靠性。因此，在施工前需严格核对灌浆材料的性能指标是否符合设计要求。灌浆过程中要对工艺操作进行全程监控，确保施工规范。灌浆完成后需仔细检查节点的密实度，以确保施工质量达到预期标准。

三、装配整体式剪力墙结构的施工流程

装配整体式剪力墙结构的核心构件是预制剪力墙，其底部通过预留孔或预埋套筒与预留钢筋灌浆连接，形成结构整体。这种结构体系应用范围广，适用于多层建筑或低烈度地区的中低层高层建筑，主要受力构件包括内外墙板和楼板等，这些部件均在工厂预制并在施工现场组装。通过现浇节点连接各预制构件，不仅提高了建筑的整体性，还显著增强了抗震性能。

四、装配整体式框架－剪力墙结构施工流程

预制框架-剪力墙结构体系结合了框架和剪力墙的优势，通过预制的柱、梁等框架构件与剪力墙（可选择预制或现浇）的协同作用，共同承担竖向和水平荷载。该体系在结构布置上灵活多变，不仅能够满足大跨度空间的设计需求，还适应了多种建筑功能的高度要求，主要预制构件包括预制柱、主次梁以及剪力墙，剪力墙形式可以根据需求选择预制或现浇。当剪力墙集中布置形成筒体结构时，体系转变为框架-核心筒结构。此外，根据构件组合方式不同，可进一步分为装配整体式框架-现浇剪力墙结构、装配整体式框架-现浇核心筒结构和装配整体式框架-剪力墙结构三类形式。

其标准层的主要施工流程包括：预制墙柱测量放线、安装及定位、节点灌浆→预

制主梁测量放线、安装及定位、节点灌浆→剪力墙安装定位及灌浆（现浇剪力墙的施工）等。

五、预制构件安装主要工序的一般要求

预制构件的安装一般分为三个环节：首先根据预制构件安装的位置进行测量、定位；然后把构件吊装至相应位置，安装并完成现浇，或者采用其他连接方式；最后完成构件之间的连接和固定。

（一）预制构件测量与定位

在吊装之前，应在构件及其支承结构上标注中心线和标高，并核对设计图纸中的预埋件、连接钢筋的数量、位置、尺寸及标高是否准确无误。每层楼面需要布置至少四个轴线垂直控制点，控制线需从底层逐层向上引测传递，同时在每层设置一个高程引测点。安装位置线需由控制线引出，每个预制构件应标定两条安装位置线以便定位。

安装墙板前，需要在其内侧弹出与楼层位置线对应的竖向和水平安装线，并且对于采用饰面砖装饰的墙板，相邻墙板之间的砖缝应保持一致。在进行垂直度测量时，建议在墙板上设立专用的控制点用于标定。安装过程中，水平和竖向构件上的标高可通过垫块或标高调节件来进行调整，以满足施工需求。

（二）预制构件吊装流程

吊装工作主要包括构件起吊、就位、调整和脱钩等步骤。施工前需完成测量放样、临时支撑的布置、斜撑连接件的安装以及止水胶条的粘贴等准备工作。构件堆放区域应设在吊装设备的操作半径范围内，避免二次搬运，并且不会干扰其他施工车辆的运行。

吊装顺序不仅包括柱、梁、板之间的作业次序，还需要对同类构件的吊装步骤进行详细规划，严格按照深化设计图纸和施工方案执行。起吊前需检查构件质量，重点查看注浆孔的状态并清理内部杂物。

吊装过程中，应设置专职指挥和信号传递岗位，明确岗位职责，并在作业开始前对设备和材料进行核查，力求使吊装工作在安全高效的条件下完成。

（三）结构构件连接

装配整体式结构的构件连接可以采用多种方式，包括现浇混凝土连接、套筒灌浆连接、钢筋浆锚搭接、焊接连接以及螺栓连接等。处理预制构件与现浇混凝土接触面时，可以选择拉毛、表面露石或凿毛等方法，以增强接触面的黏结性。当预制构件的插筋影响现浇部分钢筋的绑扎工作时，可以通过在预制构件中预留内置式钢套筒的方式进行锚固连接，从而解决施工中的相关问题。

在现浇混凝土连接中，需确保连接处一次性连续浇筑密实，且混凝土强度达到设计要求。连接部位的现浇混凝土强度等级不得低于预制构件中混凝土强度的最大等级。采用焊接或螺栓连接时，应严格遵循设计规范，同时对外露的金属件进行防腐和防火

处理，以延长构件使用寿命并提高安全性能。

套筒灌浆连接是纵向钢筋连接的常见方法，广泛应用于预制柱、预制墙等竖向构件的连接中。套筒的安装定位必须精准，灌浆前需封堵所有开口部位，避免混凝土流入套筒内部，影响灌浆效果及钢筋连接的牢固性。

钢筋浆锚搭接作为一种竖向钢筋连接方式，通常在预制构件中预埋波纹管，待混凝土达到规定强度后，将钢筋插入波纹管内，再灌注高强度无收缩浆锚料并进行养护，形成牢固的锚固连接，从而满足结构的受力需求。

第三节　装配式混凝土建筑竖向构件安装技术

一、预制构件安装施工

预制构件的吊装施工是装配式建筑施工的重点，根据构件大小、重量、位置的不同需要制定不同的吊装施工方案。

构件安装通常包括绑扎、起吊就位、临时固定、校正和最终固定等多个工序，每个步骤都对施工质量和效率具有重要影响。

（一）绑扎

绑扎点的数量与位置需精心规划，既要避免起吊过程中构件发生永久变形或断裂，又要保证绑扎操作的牢固性和便捷性。合理的绑扎方式是构件顺利起吊的基础，既能保证安全性，又能减少施工过程中不必要的损耗。

（二）起吊就位

起吊就位是指通过起重机将绑扎好的构件移动至设计位置的过程。这一阶段需要操作人员熟练配合，确保构件在起吊和放置时保持稳定，避免发生位移或碰撞。起吊时应严格按照施工方案操作，以达到精准定位的效果。

（三）临时固定

构件就位后应立即进行临时固定，临时固定的目的不仅是提高起重机的作业效率，还能为后续的校正和最终固定提供稳固的条件。临时固定的措施需便于构件调整，同时保证其在调整过程中不会发生倾倒或移位。

（四）校正

校正环节旨在调整构件的标高、垂直度和平面位置，使其符合设计图纸和施工验收规范的要求。校正过程中需要使用专业仪器对构件位置进行精确测量，确保构件安装的规范性与精准度，为后续固定打下良好基础。

（五）最终固定

经过校正的构件需按照设计要求采用特定的连接方式进行最后固定。这一阶段需严格按照施工规范操作，以确保构件的结构性能和使用功能达到预期标准，同时提升整体工程的安全性和耐久性。

二、预制柱的安装

预制柱作为框架结构体系中的主要受力构件之一，其安装与连接直接关乎建筑物的质量。预制柱的安装需要严格控制，对其中各个流程都要进行严格把控。

（一）预制柱吊装流程

1. 吊装顺序

预制柱的吊装按照先角柱、后边柱、最后中柱的顺序进行。对于需要与现浇部分连接的柱，优先完成吊装。

2. 吊装前检查

在吊装前，需检查预制柱进场的尺寸、规格和混凝土强度是否符合设计及规范要求，同时核对柱上预留的套管和钢筋是否符合图纸要求，并清理套管内的杂物，确保无异常后，方可开始吊装作业。

3. 柱底调平

在吊装就位前，应在柱底设置调平装置，用于控制柱子的安装标高，确保柱底的水平和高度符合施工要求。

4. 就位控制

预制柱的就位以轴线和外轮廓线为控制基准，边柱和角柱需优先以外轮廓线为参考。根据柱平面轴线和柱框线，核查预埋套管位置的偏移情况，并记录具体偏移数据。按照设计要求处理预留钢筋的多余部分，如发现预制柱有轻微偏移，可使用撬棍或F扳手等工具进行调整。

5. 初步定位

初步定位时，将预制柱钢筋对接到上层柱的引导筋上，试对无误后，将钢筋插入引导筋套管内约 20～30cm，确保预制柱在悬空状态下保持稳定，为后续固定做准备。

6. 垂直度调整

安装就位后，在两个方向采取可调节的临时固定措施，同时对柱子的垂直度和扭转角度进行精确调整，确保柱子位置与设计相符。

7. 封堵处理

若采用灌浆套筒连接方式，预制柱调整到位后，在柱脚连接部位使用模板进行封堵处理，为后续灌浆做好准备。

（二）预制柱的斜支撑固定

斜撑系统的主要作用是将预制柱和预制墙板在吊装就位后进行临时固定，并通过其调节装置对构件的垂直度进行精准微调。在设计斜撑系统时，应遵循以下两项原则：

1. 支撑方式选择

在预制柱吊装过程中，应根据施工工艺要求以及预制柱的具体位置，灵活采用三点支撑或四点支撑的方式。不同支撑方式的选择需确保预制柱的稳定性，并适应施工现场的实际需求。

2. 固定点布置

楼面板上斜撑的固定点设置需综合考量多个因素，包括预制构件吊装过程中可能发生的交叉施工、构件本身的稳定性和平衡性，以及斜撑对后续施工工序的潜在影响，从而确保整个施工流程的顺畅与安全。

(三) 接缝防水要求

1. 防水施工要求

对于设计明确要求防水的构件连接部位，其选用的材料性能及施工工艺必须符合设计规定和国家现行相关标准；在进行防水施工前，应彻底清理板缝内的结构空腔，确保无杂物残留；根据设计要求填充背衬材料，以提供可靠的支撑和密封效果；密封材料嵌填时需达到饱满、密实、均匀且平整，施工后的表面应光滑、顺直，且密封厚度需满足设计规范。

2. 密封材料嵌缝规范

密封材料的嵌缝需符合以下具体规定：

①密封防水部位的基层需具备牢固性，表面平整、密实，不得出现蜂窝、麻面、起皮或起砂等问题，且施工前应保证基层干净、干燥。

②嵌缝所用的密封材料应与构件材料具有良好的相容性，避免发生化学或物理不兼容现象。

③若采用多组分基层处理剂，应根据其有效时间合理控制使用量，避免材料浪费或性能下降。

④密封材料在嵌填完成后，需防止受到碰损或污染，确保接缝的完整性和防水效果。

三、预制外墙板的安装流程与说明

(一) 预制外墙板的安装

1. 预制外墙板安装流程

预制外墙板的安装通常遵循先吊装与现浇部分连接的墙板的原则，具体流程如下：

（1）构件进场准备

对进场的装配式构件进行编号，并按吊装流程清点数量，确保每块墙板与安装计划相对应，为后续施工提供基础数据支持。

（2）吊装位置准备

清理每块待吊装构件的放置点，按照标高控制线在放置点铺设硬垫块，确保墙板能够平稳就位并达到设计要求的高度。

（3）墙板定位

根据构件编号和吊装流程将墙板逐块与轴线和控制线对照核对，准确就位后安装墙板与楼板的限位装置，以限制墙板的横向和竖向位移。

（4）临时固定与调整

安装支撑系统并对墙板进行临时固定，利用调节装置对墙板的垂直度和其他尺寸进行微调，使其与设计标准保持一致。

（5）脱钩与重复安装

塔吊完成墙板吊装后脱钩，转移至下一块墙板进行安装。此步骤按照吊装流程循环进行，直至所有墙板安装完成。

（6）支撑拆除

在楼层混凝土浇筑完成并达到设计和规范要求的强度后，拆除构件支撑及临时固定装置，为后续施工腾出空间。

2．预制外墙板安装操作要点

（1）临时支撑设计

预制外墙板的临时支撑系统由两组水平连接和两组斜向可调节螺杆组成。针对较重或悬挑的构件，可在两端增加水平连接，并采用三组均匀分布的可调螺杆，满足施工的稳定性需求。

（2）标高测量与搁置件安装

根据设计提供的水平标高和控制轴线，引测出楼层水平标高线与轴线位置后，在此基础上安装墙板底部的搁置件。底部采用硬垫块方式，按照控制标高放置厚度与墙体匹配的垫块，完成后将墙板吊装至垫块上并调整到设计位置。

（3）垂直度检查与调整

墙板吊装到位后，使用靠尺检测其垂直度。若发现偏差，可通过调节杆进行调整，直至墙板达到设计要求的位置和状态。

（4）位置调整与临时固定

完成初步就位后，通过设置可调斜撑进行临时固定，同时使用仪器测量墙板的水平、垂直和高度参数，并借助墙底垫片和斜撑系统进行进一步调整，使墙板达到精确的安装状态。

（5）施工衔接

墙板安装与固定完成后，按照结构层施工计划进入下一阶段工序，合理衔接，避免施工过程中的间断或影响。

（6）底部封堵处理

墙板调整到位后，对底部连接部位进行模板封堵，为后续灌浆或其他施工步骤提供条件，防止材料外溢或位置移动。

（7）保温层密封

采用灌浆套筒或浆锚搭接连接的夹芯保温墙板，其保温材料部位需使用弹性密封材料进行填充和封闭，提升保温效果和构件连接的完整性。

（8）分仓灌浆与座浆处理

对于分仓灌浆的墙板，施工时应合理使用座浆料进行分层填充，避免不均匀现象发生。多层剪力墙在铺设座浆料时，需保持铺设的均匀性，以保证连接质量和结构的稳定性。

（二）安装说明

预制外墙板安装前，需细致执行测量放线流程。这包括在每层楼面设定垂直控制点，利用经纬仪逐层引测轴线位置，并设置引测控制点以统一标高与位置。同时，为每块预制构件设置纵向与横向控制线，确保安装时精确对齐。外墙板安装前，需在墙板内侧标记竖向与水平线，并与楼层控制线进行对比校准。对于饰面砖装饰，需预先引测砖缝并延伸控制线，以保持砖缝的一致性。外墙四角将设置测点以监控垂直度，并在顶部设置水平标高点以控制安装高度。外墙垂直度的测量将采用投点法，底部配备水平读数尺等辅助设备。此外，还需标记出柱、墙、门洞等位置，准备座浆料铺设工作，保持安装区域湿润，并放置垫块以调整墙板底部标高。整个吊装过程需连续作业，相邻墙板的调整需在座浆料初凝前完成。

2．铺设座浆料

在坐浆过程中，需使用等面积法计算出三角形区域的面积，确保浆料量的准确性。坐浆料应满足以下技术要求：

（1）坍落度控制

坐浆料的坍落度不应过高，通常选择市场上 $40\sim60\mathrm{mPa}$ 的产品，并使用小型搅拌机（容量足以容纳一包材料）加适量水搅拌，调制成合适的稠度，避免浆料过稀。完成后的浆料应呈现中间高、两端低的形状。

（2）颗粒尺寸与膨胀性

在采购坐浆料时，应与厂家确认浆料中的粗集料最大粒径不超过 $5\mathrm{mm}$，同时，浆料必须具备微膨胀性，以便适应施工要求。

（3）强度等级

坐浆料的强度等级应高于相应预制墙板混凝土的强度等级一个级别，以确保墙板的稳定性和耐久性。

（4）防止填充问题

为避免坐浆料填充至外叶板之间，在苯板处应补充 $50\mathrm{mm}\times20\mathrm{mm}$ 的苯板，以堵塞可能的缝隙。

（5）剪力墙接缝要求

剪力墙底部接缝处的坐浆强度应满足设计要求，以确保结构的整体稳定性。

（6）试件制作与检测

每层为一个检验批，每个工作班应制作一组试件，每层不少于 3 组边长 70.7mm 的立方体试件，进行标准养护 28 天后，进行抗压强度测试，确保坐浆质量符合规范要求。

3. 安装落位

吊装作业的连续性要求吊装前的准备工作必须细致且周到。

（1）定位与设备检查

吊装前，应在地面准确标出柱、墙和门洞的位置，使用墨线弹好，并根据后置埋件布置图，通过后钻孔法安装预制构件的定位卡具，安装后进行复核检查。同时，对起重设备进行全面的安全检查，空载状态下检查吊臂角度、负载能力和吊绳等，确保设备性能无异常。对于复杂或困难的吊装部件，应进行空载实际演练，检验设备和操作的可靠性。

（2）工具准备

在工具准备方面，要确保倒链、斜撑杆、螺钉、扳手、靠尺、开孔电钻等设备齐全，并清点操作人员手中的工具。

（3）构件检查与测量设备准备

在进行吊装前，必须对预制构件的预留螺栓孔进行检查和修复，确保螺栓孔丝扣完好无损。此外，提前架设好经纬仪和水准仪，并进行调平，确保测量设备准确可靠。施工准备情况登记表填写完毕后，经施工现场负责人检查核对签字，方可正式开始吊装作业。

（4）吊装过程控制

在吊装过程中，预制构件必须保持稳定，避免发生偏斜、摇摆或扭转等问题。吊装时，必须使用扁担式吊具进行吊装，确保构件稳固、安全地到位。

4. 临时固定

预制构件安装就位后，需迅速采取临时固定措施，以防其偏移或变形。临时支撑结构需设计得足够坚固，能够承受结构自重、施工荷载、风荷载以及吊装过程中的冲击荷载，避免施工过程中出现永久性变形。在装配式混凝土结构施工中，若预制构件或整体结构不能独立承受施工荷载，则需设置临时支撑，以维持构件的正确定位，保障施工安全及工程质量。对于预制墙板，背后通常需设置不少于两道斜撑，窄墙板则一道斜撑即可满足要求。预制柱因底部纵向钢筋提供一定的水平约束，一般只需设置上部支撑，且斜撑至少需两道，分布于两个相邻侧面，水平投影相互垂直，以维持柱体在吊装过程中的稳定。

四、预制外挂墙板的安装

(一) 外挂墙板施工前准备

1. 编制安装方案

在安装外挂墙板前，应编制详细的安装方案，明确外挂墙板的水平运输和垂直运输吊装方式，并根据施工需求进行设备选型和调试，确保设备性能符合施工要求。

2. 验收与检查

所有进场的外挂墙板应经过严格的检查验收，不合格的构件应予以剔除，不得用于安装。安装所需的连接件和配套材料必须进行现场复验，确保复验合格后方可投入使用。

3. 现场存放与保护

外挂墙板应按照安装顺序合理排列，并采取有效的保护措施，避免在存放过程中受到损伤，影响安装精度。

4. 人员培训与交底

安装人员应提前接受安装技能培训，确保具备必要的操作能力。施工管理人员在安装前要进行详细的技术交底和安全交底，确保所有安装人员充分理解安装技术要求和质量标准，明确施工中的安全操作规程。

(二) 外挂墙板施工流程

1. 测量放线

在主体结构施工阶段，预埋件应严格按照设计图纸要求进行埋设。外挂墙板的安装工作必须在主体结构和预埋件通过验收后进行复测。如发现任何偏差或问题，应及时与施工单位、监理及设计方沟通并进行调整。施工过程中，主体结构及预埋件的偏差必须符合相关施工规范，确保垂直和水平方向的误差不超过设计要求的范围。

2. 吊装落位

外挂墙板的吊装应按照预定顺序分层或分段进行。吊装过程中，操作应轻柔进行，避免急剧启动，确保构件平稳升起并缓慢放置。同时，需使用缆风绳确保构件在吊装过程中保持稳定，避免发生倾斜、摆动或旋转等不良现象，确保板材精确就位，保证施工安全。

3. 临时固定与调整

在正式安装外挂墙板之前，必须根据施工方案进行试安装，验证构件与设计要求的匹配，并通过验收后才能进行正式安装。在试安装过程中，须采取临时固定措施，确保构件在安装期间的稳定性。外挂墙板的偏差调整和校核应遵循以下标准：

（1）垂直度与中线校核

对预制外挂墙板的侧面中线及板面的垂直度进行校核时，应以中线为主进行调整，以保证板面垂直。

（2）上下校正

在进行上下调整时，应重点对竖缝进行校正，确保接缝平整对接。

（3）接缝调整

接缝调整应优先考虑外墙面的平整度，若内墙面不平或有翘曲，可通过内装饰或内保温层进行修整。

（4）山墙阳角校正

预制外挂墙板的山墙阳角与相邻板块的校准，以阳角为基准进行微调。

（5）拼缝平整度

拼缝平整度的校核应以楼地面水平线为标准，调整墙板使其平整。

（6）连接节点检查

安装完成后，应对外挂墙板的连接节点进行检查。任何隐藏在墙体内部的连接点，必须及时进行隐检并做好记录。

（7）自承重构件要求

外挂墙板为自承重构件，安装时应确保板缝四周为弹性密封结构，避免在板缝中放置硬质垫块。硬质垫块可能导致节点连接破坏，造成墙板与结构的传力不稳定。

（8）防腐处理

节点连接处的外露铁件应进行防腐处理，焊接处的镀锌层需完整，无破损，确保连接部位的耐用性和抗腐蚀性能。

第四节　装配式混凝土建筑水平构件安装技术

一、预制梁的安装

（一）预制梁的安装流程

在进行预制梁的安装时，需遵循严格的操作顺序和技术要求，保证各个环节的精确性与安全性。具体流程如下：

（1）安装顺序安排

预制梁的安装顺序应遵循从主梁到次梁、从低到高的原则。这种安排有助于逐步建立结构稳定性，避免后续吊装时产生不必要的干扰或结构偏差。

（2）支撑与标高调整

在开始安装之前，应仔细检查并调整临时支撑系统，确保其与梁底的标高一致。标高调整完成后，需要在柱上弹出梁边控制线是安装预制梁的基准，以便安装后进行细致的微调。

（3）钢筋位置核查

在安装预制梁前，应对柱钢筋和梁钢筋的布置进行复核，确保两者位置无冲突。特别需要关注梁与柱连接的钢筋位置，避免在吊装过程中出现因钢筋错位造成的安装困难。

（4）梁底标高误差校准

测量柱顶与梁底的标高差异，并标出梁边控制线，是后续梁精确安装和调节的依据。这一过程直接影响梁的水平度和垂直度。

（5）吊装准备

在每个梁上清晰标明吊装顺序和编号，方便吊装人员根据标记进行操作。这样的准备能够减少吊装过程中可能的误差，提高工作效率。

（6）支撑调整与起吊

预制梁的吊装可采用"立杆支撑 ＋ 可调顶托 ＋ 方木"支撑体系调整梁的标高。吊装时，吊索需勾住扁担梁的吊环，确保吊装角度保持在合理范围内，以避免预制梁在起吊过程中发生不稳定或扭曲的情况。

（7）精确就位与校正

预制梁初步就位后，使用撬棍和定位线对其进行精细校正，确保其位置与标高符合设计要求。在这一过程中，需要调整支撑系统，并确保预制梁完全就位。

（二）叠合梁就位

在装配式结构中，叠合梁的安装对定位精度和临时支撑的合理使用至关重要。精准的定位决定了整体安装效果，而临时支撑既是确保定位精度的有效手段，也是施工过程中保障安全的关键。叠合梁的吊装应严格按照预定位置进行，并根据实际情况对支撑点进行合理布置，以避免施工过程中产生过大的偏差或不稳定因素。

（三）钢筋连接

钢筋连接是梁柱节点施工中至关重要的一部分，特别是在装配式结构中，梁柱节点钢筋的交错较为密集，且后浇混凝土的空间限制较大。因此，钢筋布置时需提前进行合理的设计，确保每根钢筋的位置、长度和弯折符合结构要求。在吊装前的设计阶段，必须考虑钢筋的连接方式以及吊装顺序，以便施工中每道工序能够顺利进行，并尽可能避免因空间不足或连接不当造成的施工困难。

二、预制叠合板的安装

（一）叠合板的安装流程

1. 预制叠合楼板的安装过程

（1）测量与标高校正

使用测量仪器从不同观测点对叠合墙、梁等的顶面标高进行测量，并对叠合墙板的轴线进行复核和校正。

（2）支设现浇混凝土梁模板

标高确认无误后，开始进行框架梁的模板支设工作，以确保梁的现浇部分能够满足设计要求。

（3）安装楼板支撑体系

安装楼板支撑体系时，确保其水平高度达到精确要求，以保证楼板浇筑后能够保持底面平整。

（4）吊装叠合楼板

吊装叠合楼板时，要尽量减少在非预应力方向因自重产生的弯矩。采用专用吊装梁进行吊装，并确保4个或8个吊点的受力均匀，保持吊装过程的稳定性，同时确保主副绳的受力点处于同一直线，避免偏移。

（5）安装梁、附加钢筋及横向钢筋

叠合楼板安装并调整平整后，按施工图纸要求进行梁、附加钢筋及楼板下层横向钢筋的安装。在此过程中，需要特别注意处理梁锚固到暗柱中的钢筋，以及现浇板负筋与叠合墙板内的钢筋锚固连接。

（6）水电管线的敷设与连接

完成楼板下层钢筋安装后，进行水电管线的敷设与连接。为提高施工效率，预制楼板在工厂内已预留必要的管道孔洞，使现场的水电安装更加顺利。

（7）楼板上层钢筋的安装

水电管线敷设经检查合格后，钢筋工进行楼板上层钢筋的安装。

（8）预制楼板底部拼缝处理

在浇筑墙板和楼板混凝土之前，对预制楼板底部拼缝及其与墙板之间的缝隙进行检查。

2. 预制叠合楼板的工艺流程

（1）基层清理

确保施工面干净无杂物，为后续施工做好准备。

（2）测量放线

准确定位楼板安装位置，为吊装作业提供准确依据。

（3）支撑体系

搭建临时支撑体系，为楼板提供稳固的支撑。

（4）调节标高

调整支撑体系，确保楼板安装高度符合设计要求。

（5）吊装叠合楼板

使用吊装设备将叠合楼板精准放置到预定位置。

（6）复核标高

吊装完成后，再次核对楼板标高，确保安装准确无误。

（7）处理板缝

对楼板间的缝隙进行处理，保证结构的整体性和密封性。

（8）敷设机电管线

在楼板上敷设机电管线，满足建筑使用功能。

（9）绑扎钢筋

按照设计要求绑扎钢筋，增强结构的承载能力。

（10）浇筑混凝土

在钢筋绑扎完成后，浇筑混凝土，形成完整的楼板结构。

（11）拆除模板支撑

待混凝土达到规定强度后，拆除模板支撑，完成施工。

（二）支撑体系

1. 独立钢支柱和稳定三脚架

独立钢支柱由外套管、内插管、微调节装置及微调节螺母等组成，是一种可伸缩、微调的支撑结构，主要用于提供预制构件的垂直支撑。该支柱能够承受梁板结构的自重以及施工过程中的荷载。内插管每隔 150mm 设有一个销孔，回形钢销插入其中，以便调整支撑高度。外套管上焊接有螺纹管，与微调螺母配合使用，微调范围为 170mm，方便在施工中进行精确调整。

2. 折叠三角架

折叠三角架由薄型钢管焊接而成，支架的腿部设计为可折叠形式。核心部位配备锁具，通过偏心原理锁紧。三角架展开后，可以紧密抱住支撑杆，通过敲击卡棍固定支撑杆，确保其稳定性和独立性。搬运时，三角架的三条腿可收拢，便于手提或集中吊运，方便运输和存储。

3. 安装支撑体系

在支撑体系的安装过程中，独立钢支柱和方钢按平面布置方案进行布置。独立钢支撑的间距通常为 1500mm×1500mm，支架调至相应的标高后，开始放置主龙骨。方钢使用 60mm×60mm×4mm 的规格，并确保第一道独立钢支撑距离墙边为 500mm，保证支撑系统的稳定性和均匀受力。

（三）钢筋桁架混凝土叠合楼板安装施工（水平受力构件）

1. 安装施工要求

①叠合构件的支撑应严格根据设计要求或施工方案设置，支撑的标高不仅要符合设计标准，还需考虑支撑在施工过程中的变形影响。

②施工过程中，要控制荷载不超过设计规定，避免单个预制构件承受过大的集中荷载或冲击荷载，确保安全施工。

③叠合构件的搁置长度应满足设计要求，通常建议设置厚度不超过 30mm 的座浆

或垫片，以确保稳定性和支撑力。

④在混凝土浇筑前，需要对叠合构件的结合面粗糙度进行检查，并核对和校正预制构件的外露钢筋，确保施工质量。

⑤叠合构件混凝土浇筑完成后，必须等待后浇混凝土达到设计强度要求后，才能拆除支撑或施加施工荷载，确保构件的稳定性和安全性。

2．现场堆放与吊装

钢筋桁架混凝土叠合楼板的现场堆放与底部支撑方式，与预制混凝土叠合板吊装方法大致相同，确保施工过程中的安全和效率。

3．吊装方式

由于钢筋桁架混凝土叠合楼板的面积较大，吊装过程中必须采取多点吊装的方式。为了实现多点吊装，每根钢丝绳都挂在吊装架的柔性钢丝绳上，通过合理布置吊点，分散吊装负荷，保证楼板平稳、安全地吊装到位。

（四）叠合梁板施工保证措施

1．管线预埋施工

在预制梁板吊装完成后，可以开始分段进行管线预埋工作。根据设计管道流程的要求，结合叠合楼板的规格合理规划线盒的位置和管线的走向。线盒应根据管网综合布置图预埋在预制板中。在叠合层中，由于其厚度仅为 8cm，应避免多层管线交错，最多只能允许两根线管交叉设置，确保管道布置简洁、规范，不影响楼板的结构稳定性。

2．防止柱下混凝土空洞

由于叠浇层梁柱节点处的空隙较小，易出现柱下混凝土空洞，为了避免这一问题，应采用高一等级的微膨胀细石混凝土进行浇筑，并使用小振动棒进行振捣。浇筑过程中，柱根部的混凝土应略高于楼板的高度，待混凝土终凝前，再将其刮平，以确保柱下区域的密实性和承载力。

3．混凝土抹面与养护

叠合层混凝土浇捣完成后，应及时进行表面抹平和收光处理。此作业分为粗刮平、细抹面和精收光三个阶段，确保表面平整、光滑。为保证混凝土的强度，必须进行及时洒水养护，保持混凝土湿润状态。每天洒水次数不得少于 4 次，养护时间不得少于 7 天，以促进混凝土的水化反应，确保其强度达到设计要求。

三、预制阳台板（空调板）的安装

（一）预制阳台板（空调板）的安装步骤

1．阳台板进场与清点

阳台板进场后，首先进行编号，然后按吊装流程对阳台板的数量进行清点，确保材料的准确性和完整性。

2. 临时支撑与标高控制

安装前,应搭设临时固定和搁置排架,确保其具备足够的稳定性和刚度。标高控制至关重要,应严格按设计要求,弹出构件外挑尺寸及两侧边线,在墙面上校核高度,确保安装的准确性。

3. 按编号安装

根据阳台板的编号和吊装流程,逐块将阳台板安装到位,确保每一块板材都按照预定顺序和位置安装。

4. 悬挑阳台板临时支撑

对于悬挑阳台板,临时支撑必须具备足够的刚度与稳定性。各层支撑必须保证上下垂直,避免因支撑不稳导致的结构位移或倾斜。

5. 吊装过程中的支撑要求

吊装上层悬挑阳台板时,下层至少应保留三层支撑,确保上层板吊装时具有足够的安全保障。

6. 构件调整与校核

在阳台板安装过程中,如果需要进行位置调整,可使用撬棍仔细调整构件位置,确保与控制线精确对齐。同时,理顺锚固钢筋,确保其准确就位。

7. 锚固钢筋绑扎或焊接

将阳台板的锚固钢筋与圈梁或板主筋进行绑扎或焊接,确保结构的稳固性和承载力。

8. 吊点脱钩与循环安装

完成一块阳台板的安装后,塔吊吊点脱钩,准备进行下一块叠合阳台板的安装,并重复上述过程,确保施工的连续性和高效性。

9. 混凝土浇捣与拆除临时固定

在楼层混凝土浇捣完成并达到设计强度和规范要求后,可以拆除临时固定点和搁置排架,确保结构完成后能够满足使用要求。

装配式结构的阳台通常设计为封闭式阳台结构,楼板采用钢筋桁架叠合板。此外,也有悬挑式全预制阳台的设计形式。

(二)阳台板施工的技术要点

1. 控制线的测量与标定

吊装前,测量并弹出周边结构(隔板、梁、柱)的控制线,提供准确定位。

2. 板底支撑设置

使用钢管脚手架、可调顶托和 100mm×100mm 木方支撑。检查支撑是否高出设计标高，调整预制梁和隔板之间的尺寸。

3. 吊装过程中的构件调整

吊装时，将构件吊至设计位置上方3～6cm处，调整锚固筋与预留筋错开，边线与控制线对齐。

4. 吊装后位置调整

完成吊装后，根据周边线和标高控制线精确调整位置，误差控制在2mm内。

（三）阳台板施工的重点注意事项

①悬臂式预制阳台板、空调板、太阳能板的外露钢筋主要承担负弯矩，绑扎时必须确保位置准确。后浇混凝土时，应避免踩踏钢筋导致位移。

②施工荷载应均匀分布，不得超过设计规定的最大荷载。

③在浇筑连接点叠合构件混凝土前，必须进行隐蔽工程验收，内容包括：混凝土表面粗糙度、键槽的规格和位置、钢筋的型号与位置、接头的类型和数量等。

④预制构件的板底支撑应在后浇混凝土强度达到100%后拆除。对于装配式结构，避免设计成悬臂式构件，减少安全隐患。

四、预制楼梯的安装

（一）标定控制线

在楼梯平台标出上下梯段的安装位置线，并在剪力墙上标定标高控制线，进行复核。

（二）铺设找平层

在预制梁启口铺设2cm厚、强度不小于M15的水泥砂浆找平层，控制标高准确。

（三）预制楼梯板起吊

①采用水平吊装，在吊具上安装手动吊葫芦。

②吊装时，将吊点与楼梯板预埋螺纹连接，检查牢固。

③塔吊缓慢起吊，升至距地面500mm时停顿，调整至合适位置，检查板面完好。

④吊装时，不得增加额外吊点。

⑤预制构件的堆放与运输要稳定。

（四）预制楼梯板就位

吊装预制楼梯板时，确保踏步平面水平，从上方吊入安装位置，在作业层下方约300mm处停顿。施工人员手扶楼梯板调整方向，将其边线与梯梁安放位置线对齐。放置时要稳妥、缓慢，避免快速放下造成震裂。

（五）预制楼梯板校正调整

楼梯板基本就位后，使用撬棍微调，确保位置准确且平稳。安装时，需特别注意标高准确，调整无误后方可脱钩。调整时，楼梯板与结构墙体之间应预留 30mm 空隙，以便后续保温砂浆抹灰层施工。

（六）预制楼梯与现浇楼梯梁连接

在梯梁上预埋两根 φ20 钢筋，与预制楼梯上的预留洞对接后进行安装，随后用砂浆固定。

五、水平构件的固定

水平构件安装时通常采用竖向支撑系统，主要用于预制主次梁和楼板等水平构件，在吊装后提供临时支撑以承受垂直荷载。竖向支撑系统设计应遵循以下几点原则：①首层支撑基础需平整坚实，可采取硬化措施；②支撑的间距及与墙、柱、梁的净距应通过设计计算确定，竖向支撑层数应不少于两层，并且上下层应对齐；③叠合板预制底板下方支架可采用定型独立钢支柱，支撑间距依设计计算确定。

第五节　装配式混凝土建筑部品现场安装技术

一、装配式装修的特点

传统装修方式依赖现场加工和湿作业，施工质量与工人的技术水平密切相关，且工期通常较长。与之相比，装配式装修代表了一种全新的装修方法，摒弃湿作业，采用干式工法，所有部品和部件在工厂预制完成，现场仅需进行组装，具备高效、环保、质量优良等优势。具体而言，装配式装修具备以下几个显著特点：

（一）设计标准化

标准化的设计是实现生产工业化和施工装配化的基础。通过 BIM 等可视化、信息化手段，可以在设计阶段实现各专业的协同工作，从而使建筑和装配式装修能够融为一体。这种精细化、标准化的设计理念有助于提高施工精度，降低施工难度，并确保各环节的高效协同。

（二）生产工业化

装配式装修中的部品、部件都采用统一的规格和设计标准，工厂生产实现了大规模、标准化的制造。在现场施工的过程中，所有部品和部件都经过精确的预制，这不仅保证了产品质量，也使得施工现场的噪音、粉尘和垃圾得到了有效控制，符合现代环保和高效施工的要求。

（三）施工装配化

在装配式装修中，产业工人负责现场组装，施工过程按照严格规范的程序进行。这种装配式的施工方式大大提升了施工速度，缩短了工期，并且提高了施工质量。与传统装修方式相比，装配式施工不仅减少了人工错误的可能性，还通过标准化操作提高了整体施工水平。

（四）协同信息化

装配式装修强调部品的标准化、模块化与模数化，通过信息化手段实现各环节的高效协同。具体而言，测量数据与工厂的智能制造系统无缝对接，确保生产的精度和及时性；现场进度与工程配送的精确协同则保证了施工过程中各部件的快速供应和高效安装，有效缩短了施工周期并优化了资源配置。

（五）工人产业化

装配式装修的标准化构件和规范化安装流程要求对现场施工人员进行专业化培训，确保他们能够熟练掌握装配技术。这不仅能够有效降低因工人技术水平不足而引发的质量风险，还能确保施工进度与质量的一致性，提升整体施工效率。

二、部品安装准备工作

①需要编制详细的施工组织设计和专项施工方案，涵盖安全、质量控制、环境保护措施以及施工进度计划等各方面内容，确保施工过程中的各项工作有序进行。

②所有进场的部品、零配件及辅助材料必须按照设计要求，对品种、规格、尺寸和外观进行严格检查，确保与设计图纸相符。

③必须进行全面的技术交底，确保施工人员了解并掌握每个环节的技术要求和操作规范。

④施工现场应提前做好准备工作，确保安装区域干净整洁，为后续施工提供良好的工作环境。

⑤在正式进行装配安装之前，应对相关部位进行精确的测量和放线，以保证安装过程中的精准度和规范性。

三、安装规定

（一）预制外墙安装要求

①墙板安装时应先进行临时固定和调整。

②调整完毕后，确保墙板在轴线、标高及垂直度上符合要求，再进行永久固定。

③若使用双层墙板，内外层之间的拼缝应错开，避免重叠。

（二）现场组合骨架外墙安装要求

①竖向龙骨应安装平直，无扭曲，且间距要符合设计规范。

②保温材料应填充紧密且连续，待隐蔽工程验收后再进行面板安装。

③面板的安装方向和拼缝位置要严格按照设计要求，避免内外接缝重合在同一竖向龙骨上。

（三）龙骨隔墙安装要求

①龙骨与主体结构连接牢固，安装时要确保垂直和平整，位置精准。

②龙骨的间距必须符合设计要求。

③在门窗洞口处，应使用双排竖向龙骨。

④安装壁挂设备或装饰物时，必须考虑加固措施。

⑤在安装隔墙饰面板前，墙内管线应完成隐蔽验收。

⑥安装面板时，拼缝应错开，若使用双层面板，其接缝也应错开。

（四）吊顶安装要求

①装配式吊顶龙骨必须与主体结构牢固固定。

②对于重达 3kg 以上的灯具、电扇等设备，应设立独立的吊挂结构。

③在安装饰面板之前，吊顶内的管道和管线施工必须完成，并通过隐蔽工程验收。

（五）架空地板安装要求

①安装前，架空层内的管线应提前布设，并通过隐蔽工程验收。

②对于地板辐射供暖系统，需对地暖加热管进行水压试验，合格后方可铺设面层。

四、整体厨房安装要求

整体厨房由结构部分（底板、顶板、壁板、门）、橱柜家具（橱柜及填充件、挂件）、厨房设备（如冰箱、微波炉、电烤箱、排油烟机、燃气灶、消毒柜、洗碗机、水盆、垃圾粉碎器等）及厨房设施（包括给排水系统、电气管线与设备等）组成，具有系统化的搭配。整体厨房的设计应合理组织操作流线，操作台面宜采用 L 形或 U 形布局，并配备洗涤池、灶具、操作台、排油烟机等基础设施，同时预留厨房电器设施的安装位置与接口，以符合设计规范要求。

五、整体卫浴安装要求

装配式全装修住宅卫生间建议采用整体卫浴系统。整体卫浴是由工厂生产并现场组装的模块化单元，能够满足洗浴、盥洗及便溺等功能需求。住宅卫生间装修一体化工程应遵循可持续发展的原则，系统考虑产品和部品在设计、制造、安装、交付、维护、更新及报废全过程中的技术合理性。该工程应采用装配式建造方式，协调建筑结构、机电管线和内装部品的安装关系，做到整体系统的整合与优化。

六、机电设备现场安装技术

（一）装配式建筑机电预制概述

装配式建筑机电预制采用精细化设计、工厂化生产、装配化施工和信息化管理，提供了一种新的机电安装解决方案。其核心在于将管道预制与现场安装分离，减少现场加工。设计阶段设定几何尺寸、管材、壁厚等参数，调整后导出成品送至工厂，施工时按模型拼装。

机电系统分为给排水、强弱电、采暖空调和智能化系统。随着 BIM 技术发展，机电安装从碰撞检查、管线综合向预制加工发展，装配式理念已被证明是机电精细化管理的最佳方法。

（二）装配式建筑机电预制内涵

1. 标准化设计（精细化设计）

标准化设计与部品化建造能够提升装配式建筑机电系统技术。通过成套集成体系，实行标准化设计、工厂化生产和装配化施工，提供整体解决方案。采用模块化协调建筑、结构、机电设计，改变传统设计模式，促进设计、生产、施工和装修的协同。

2. 工厂化生产

机电设备在工厂预加工后，运至现场安装，减少了能耗和材料浪费，确保施工的安全、环保、节能。

3. 装配化施工（干式作业）

干式作业通过现场预装配减少湿作业，提高施工效率，降低环境污染。所有部件在工厂加工后，现场仅需拼装，节省时间和劳动力，提升工期和质量。

4. 信息化管理

利用 BIM 等信息化手段，实时监控项目全生命周期的数据，优化施工、生产和供应链管理，提升协作效率，精确掌控项目进度、成本与质量。

（三）装配式建筑机电预制安装操作控制要求

1. 施工操作控制要求

（1）人员控制要求

所有专业管理人员必须具备相应的资格证书，并持证上岗。特殊工种的操作人员应持有效证件，按规定上岗。一般操作人员需经过相应的操作培训并通过考核，方可上岗。

（2）施工机械控制要求

①所有施工机械在进场之前必须进行全面检修，只有检修合格并挂上设备管理卡的机械，方可进场使用。

②施工机械实行定人定机管理，确保每台设备都有专门的操作和保养人员，且设备上应挂有机械管理卡，便于实时监控。

③施工机械的操作人员必须持有相关资格证书，并严格遵守操作规程，保证机械的正常运转。

④现场应配备专职机修工，负责所有施工机械的维修与保养，保证设备处于良好的工作状态，提升机械的完好率。

2. 一般过程操作要求

①本项目的一般过程指操作工艺较为简单的施工环节，包括设备、管道、电气、

暖通和动力系统的安装施工全过程。

②施工员应根据正确的施工技术对操作人员进行技术交底，操作人员按照交底要求进行操作。质量控制由班组长负责，执行"检查上道工序、保证本道工序、服务下道工序"的检查流程，使整个操作过程处于受控状态。

③执行"三检"和"三评"制度，达到有效把控和持续改进施工质量的目的。

3. 关键部位操作要求

①关键部位操作指本工程核心环节，如通风空调、电气、弱电自控等方面的安装调试。

②操作要求提供图纸、规范，需专业工艺文件或技术交底，明确方法、程序、检测手段及设备。

③工艺文件由项目经理编制，施工员书面交底并监督执行。

④项目经理指定设备员管理施工机械，负责维护保养。

⑤关键部位操作条件、试验、监控、验证与一般过程控制相同。

4. 特殊操作要求

①遵循公司特殊操作要求控制工作程序执行。

②特殊操作要求控制关键环节如下：a. 给水、消防等管道需进行压力试验，污水、废水、雨水等管道需进行灌水试验及水冲洗，电气线路需进行绝缘测试，避雷接地、综合接地需进行电阻测试，上述过程应会同建设单位、监理公司共同检查验收；b. 特殊操作要求指某些过程的结果无法通过后续产品检验和试验完全验证的环节；c. 对特殊操作要求实施连续监控，并对必要参数进行记录、标识和保存；d. 采用 PC 新工艺、新技术、新材料和新设备施工时，需按照特殊操作要求实施连续监控。

5. 安装流程要求

（1）支吊架放样

依据建筑信息模型或施工图纸，精确进行支吊架的放样工作，明确其安装位置。

（2）支吊架安装

完成放样后，进行支吊架的整体安装，确保安装稳固、位置准确。

（3）风管、主管、桥架安装

支吊架安装完毕后，依次进行风管、主管及桥架的安装，遵循施工规范，确保安装质量。

（4）喷淋支管安装

在风管、主管及桥架安装完成后，进行喷淋支管的安装，注意与其他管道的协调布局。

（四）施工过程介绍

1. 放样工作

①依据图纸，用放样机器人标记支吊架点位。

②边放样边校核，红外线能够确保准确性。

③分两阶段放样：先风管、主管，后支管。

④支吊架找平后批量下料，切断误差内的多余部分。

⑤钻孔遇到钢筋时可纵向移动，横向移动限10mm。

2．支吊架制作安装

①支架立柱按实际尺寸下料，预留调节余量。

②利用红外线，结合图纸和模型制作并安装支吊架。

3．桥架安装

①箱、柜连接处应用抱脚和翻边，紧固并封堵末端。

②桥架经变形缝断开，用内连接板搭接。

③接口平整紧密，连接固定螺栓，防止松动。

④线槽盖平整无翘角，出线位置准确。

⑤交叉、转弯处应用连接件，接头设接线盒。

⑥吊顶内敷设留检修孔，敷设完调整检查。

⑦竖井桥架预留孔四周做止水台，安装防火托板。

⑧线槽、桥架长超30m应设伸缩节，接头处避开墙体。

4．给排水管道安装

①管道安装从大到小，禁用高温切割机具。

②螺纹加工用套丝机，并通过标准螺纹规检验。

③清除冷却液和切屑，做防腐处理。

④衬塑管端部倒角，坡度范围为10°～15°。

⑤连接处用生料带，保证管道得到保护。

⑥使用标准管件连接，螺纹标记拧入达到深度。

⑦外露螺纹及损伤部位做防锈处理。

⑧管外端平整光滑，无划伤橡胶圈缺陷。

5．喷淋主管、支管

（1）管网安装

①管子预处理。调直管子，清除管内杂物；干管安装前应特别检查并清理管腔。

②连接方式选择。根据管道公称直径，不大于70mm的管子采用螺纹连接，大于70mm的则选用沟槽连接。

③避让原则。管道交叉时，遵循冷水让热水、小管让大管的规则。

④干管安装步骤。依次进行定位、画线、支架安装、管子上架、接口连接，最后进行水压试验和防腐保温。

⑤穿越处理。管道穿越变形缝或墙体时，加设套管并用材料填塞间隙。

⑥横向安装要求。设置适当坡度，低凹处按需加设堵头或排水管。

⑦标志与封闭。配水干管、配水管做标志，安装中断时及时封闭敞口。

⑧安装质量检查。确保干管平整无变形，调整吊卡螺栓，焊牢止动板。

⑨洞口处理。填堵管洞口，预留口加临时管堵。

（2）立管安装

①安装顺序。立管从下向上逐段安装，及时固定。

②孔洞核对。检查各层预留孔洞位置是否垂直，进行必要调整。

③套管设置。管道穿越楼板、墙体时加设钢套管，并用材料填塞间隙。

④安装准备。卸下阀门盖，有套管的先穿管，按编号顺序安装。

⑤接口连接。涂铅油并缠麻，用管钳拧紧至适当松紧度，清理麻头。

⑥预留口检查。确保预留口标高、方向等准确，调整卡子，找垂直度，填堵孔洞。

（3）喷头安装

①安装时机。系统试压、冲洗合格后进行喷头安装。

②专用配件。使用专用弯头、三通进行安装。

③喷头保护。不得拆装、改动喷头，严禁附加装饰性涂层。

④安装工具。使用专用扳手，避免利用喷头框架施拧。

⑤损坏更换。喷头框架、溅水盘变形或损坏时，更换相同规格型号喷头。

⑥安装距离。确保溅水盘与周围结构的距离符合设计要求。

6．消防管道

（1）施工依据与材料选择

①依据设计图纸及国家标准《建筑给水排水及采暖工程施工质量验收规范》进行施工。

②消防系统管道采用热镀锌钢管，试验压力为1.0MPa，管件与闸阀公称压力不低于此值，采用丝扣连接。

（2）安装尺寸与要求

①消火栓口中心距装饰地面1.10m，箱内阀门位置符合规定。

②埋地引出管标高为−1.60m。

③管道连接严禁焊接，丝扣连接需规范操作，确保螺纹完好，用白厚漆与麻丝锁紧，外露螺丝2～3扣，并做防腐处理。

（3）连接细节与材料质量

①连接支架、法兰、阀门时，螺栓拧紧后，突出螺母长度不大于螺杆直径的1/2，方向统一，支架开口需使用钻床钻孔。

②选用材料需符合国家标准，无缺陷，管口处理干净，使用规定管钳锁紧。

（4）套管与填缝

①管道穿过墙和楼板时设金属套管，套管位置与高度符合规定。

②立管套管与管道间的缝隙用阻燃密实材料和防水油膏填实，横贯套管与管道间的缝隙用防水油膏填实，端口平滑。

7．风管系统安装

（1）风管安装

①风管预处理。安装前清除杂物，做好清洁保护。

②安装位置与规格。位置、标高、走向符合设计，不得缩小接口的有效截面。

③组装与吊装。地面组装保持平整，吊装受力均匀，螺栓均匀拧紧。

④连接处要求。连接处平直，水平安装偏差不大于 3/1000 且不大于 20mm。

⑤与设备连接。采用防火软接，松紧适度，无明显扭曲。

⑥接口连接。连接严密牢固，垫片符合规范，不严密处用密封胶。

⑦薄钢板法兰连接。角件固定稳固，法兰端面贴胶条，螺栓间距不大于 150mm。

（2）风阀安装

①风阀安装前检查。检查风阀结构是否牢固，调节、制动、定位装置需准确灵活。

②风阀安装方向。按外壳标注方向进行安装，气流方向需正确。

③风阀标志要求。阀体上应有明显、准确的开闭方向和开启程度标志。

④防火阀安装。根据设计要求选择防火阀类型，易熔件迎气流方向安装，距墙表面不大于 200mm，并单独配置支吊架。

⑤止回阀安装位置。止回阀宜安装在风机压出端，开启方向需与气流方向一致。

⑥变风量末端装置安装。应设独立支吊架，与风管连接前需做动作试验。

（3）风口安装

①风口安装要求。横平竖直，表面平整，固定牢固。露于室内部分与室内线条平行，散流器面与顶棚平行。

②调节风口灵活性。有调节和转动装置的风口，安装后保持灵活。

③风口分布与调节装置。室内同类型风口对称分布，同一方向风口调节装置在同一侧。

第四章　装配式钢结构部品构件的生产

第一节　生产常用操作设备

一、切割设备

常用的钢结构切割设备有自动切割机、半自动切割机、砂轮切割机、割炬、剪板机等。下料时，根据钢材截面形状、厚度以及切割边缘质量要求不同，采用不同的切割设备。

（一）自动切割机和半自动切割机

自动切割机和半自动切割机能够切割机械方法难以切割的复杂形状和不同厚度的材料，它们主要通过燃烧气体产生的高温火焰实现切割。常用的气体组合有氧气-乙炔、氧气-丙烷等。在钢结构加工中，常见的自动切割设备有数控火焰切割机和数控等离子切割机。

1. 数控火焰切割机

数控火焰切割机广泛应用于钢结构钢板的下料工作。该设备利用燃烧气体产生的高温火焰，精确地进行直线和曲线切割，适用于多种类型钢板的加工，能够提供高效的切割操作。

2. 数控等离子切割机

数控等离子切割机则主要用于不锈钢及有色金属的加工。根据使用的工作气体种类，这种设备可以切割那些常规氧气切割方法难以处理的金属，特别是在不锈钢和铝、铜等有色金属的切割中表现优越。等离子切割的显著优点是，当切割较薄的金属时，其速度是氧气切割的5～6倍，切割面平滑且热变形较小，几乎没有热影响区，尤其适用于高精度加工。

（二）砂轮切割机

砂轮切割机是一种常用设备，适用于对金属方扁管、方扁钢、工字钢、槽钢、圆钢、钢管等多种材料进行切割。

（三）割炬

割炬是气割工件的主要工具，广泛应用于钢结构部件的手动切割作业中。目前，氧气-乙炔割炬因其性能优越，使用广泛。

（四）锯床

锯床是一种能够连续锯割各种钢材的下料设备，能满足多样化生产需求。

（五）剪板机

剪板机主要用于钢板厚度小于 12mm 的直线性切割。其工作原理是通过一个刀片相对另一刀片作往复直线运动，实现切割目的。剪板机种类繁多，企业可根据实际需求选用合适的型号。

（六）冲裁机

冲裁机适用于成批生产的构件或定型产品的下料作业，可提高生产效率和产品质量。冲裁过程中，材料被置于凸凹模之间，在外力作用下，凸凹模产生剪切力（剪切线通常为封闭状），使材料被分离。

二、钻孔设备

（一）摇臂钻床

摇臂钻床主要用于单件和中小批量生产，适合加工体积较大、质量要求较高的工件孔。其特点是结构灵活，能够满足不同尺寸和形状工件的加工需求。

（二）冲孔机

冲孔机用于在薄板、角铁、扁铁、铜板等金属板材上打孔。对于精度要求不高的薄板零件，采用冲孔方式可以快速完成加工，提高生产效率。

（三）磁力钻

磁力钻常用于钢结构加工中的悬空作业，特别是在台钻无法操作的位置。强力磁吸附固定设备使钻孔作业更加稳定，适合在复杂环境中进行加工。

（四）数控平面钻床

数控平面钻床通过编制程序并依靠控制系统对钢板表面进行精准打孔。这种设备相比传统钻床具有更高的加工精度和生产效率，能满足大规模和高精度的孔加工需求。

（五）数控三维钻床

数控三维钻床通过编程控制系统在多个平面上对部件进行钻孔，常用于 H 型钢、槽钢等复杂构件的加工。它能够快速且精确地完成多个方向的钻孔，具有较高的自动化水平和操作便捷性。

三、边缘加工设备

（一）手铲、手锤、铲锤

对于加工精度要求较低、工作量较小的边缘处理，通常采用铲边的方法。这一过程常使用手铲、手锤或铲锤等手工工具。

（二）刨边机

刨边机用于处理焊接板材切割面的毛刺，修整板材的尺寸，尤其是长度和宽度不一致时的修正。同时，它也常用于加工板材或型材的焊接焊口。

（三）端面铣

在钢结构生产中，根据设计要求，常需对某些构件的端部边缘进行铣削加工。端面铣是常用的铣边设备，能够高效完成这一任务。

（四）切割机

在钢结构生产中，手工气割、半自动切割机和自动切割机常用于坡口切割。根据具体工艺要求，选择合适的切割设备来完成工作。

（五）碳弧气刨

在钢结构焊接过程中，碳弧气刨主要用于刨槽、清除焊缝缺陷以及背面清根，以确保焊接质量达到要求。这一设备在消除焊接缺陷和改善焊缝质量方面具有重要作用。

四、球加工设备

在球加工中，常使用铣床、攻丝机和钻床。铣床用于平整球连接面的表面，而攻丝机则专门用来在球体上加工多个内螺纹孔，通常用于连接多个杆件，确保它们固定在一个点上。

五、折弯机

折弯机是专门用来加工薄板的设备，分为手动、液压和数控三种类型。它的基本结构包括支架、工作台和夹紧板。工作台通常由底座和压板组成，底座通过铰链与夹紧板连接。在使用过程中，通电的线圈产生电磁力，从而夹紧薄板，实现折弯操作。

六、组焊矫设备

（一）组立机

组立机在钢结构制造中主要用于 H 型钢和箱型构件的组装。它能确保各构件在焊接前的精确定位，为后续的焊接工艺提供稳定的基础。

（二）埋弧焊机

埋弧焊机常用于 H 型钢的主焊缝焊接，尤其在需要大功率、高效率的焊接作业时，常用龙门式埋弧焊机。其特点是能提供连续稳定的焊接性能，适合大规模生产。

（三）矫正机

矫正机主要用于矫正 H 型钢在焊接过程中产生的平面度偏差。该设备通过精确的力学调整，消除因焊接应力或外力作用引起的构件变形，确保焊接后的 H 型钢满足设计要求。

（四）组焊矫一体机

组焊矫一体机是一种集组立、焊接和矫正功能于一体的设备。它能在一台设备上完成多个工序，具有高效省力的特点，广泛应用于 H 型钢等钢结构部件的生产，提升了生产效率和作业精度。

（五）电渣焊机

电渣焊机在钢结构制造中主要用于箱型柱内隔板的焊接。该设备通过电渣焊接技术，能够确保焊缝的质量，特别是在大厚度焊接和高强度连接方面具有独特优势。

七、电焊机

电焊机通过正负两极瞬间短路产生的高温电弧，熔化电焊条焊料与被焊材料，实现原子结合。其结构简单，实为大功率变压器，利用电感原理，在接通断开时产生巨大电压变化，引发电弧焊接。

电焊机按输出电源种类分为交流电焊机和直流电焊机。此外，还有多种特定用途焊机，如工矿企业用焊机（含直流电焊机、交流弧焊机、闪光对焊机、压焊机、氩弧焊机、对焊机、点焊机、埋弧焊机、高频焊缝机、二氧化碳保护焊机等）及气体保护焊机。二氧化碳保护焊机和氩弧焊机在焊接时有气体保护，防氧化，溶焊牢固，适用于有色金属及较薄材料。

八、抛丸机

抛丸机是一种利用抛丸器抛出高速弹丸清理或强化铸件表面的高效铸造设备。它可去除铸件表面黏砂、氧化皮、铁锈等杂质，同时增加表面粗糙度，提高涂层附着力，强化工件。

抛丸机的工作原理为电机驱动抛丸轮高速旋转，产生离心力和风力，加速丸粒抛向铸件表面。丸粒打击铸件后，与杂质一同落入抛丸室底部，经输送分离系统，干净丸粒被回收循环利用。

抛丸机广泛应用于铸造业、钢结构生产、造船、汽车制造等领域，对提高产品质量和生产效率意义重大。不同类型的抛丸机（如履带式、吊钩式、通过式等）可满足不同工件和生产线需求，实现自动化、高效化的生产流程。

九、喷涂机

喷涂机是一种高效涂装设备，利用高压技术将涂料雾化，并均匀喷涂于工件表面，旨在实现美化、防腐及保护效果。其结构包含涂料供给系统、高压雾化系统、喷涂枪及控制系统等部件。通过精准调控涂料供给量与喷涂压力，确保喷涂过程高效且均匀。此设备适用于金属、木材、塑料等多种材质涂装，亦能满足复杂形状工件的喷涂需求。喷涂机以其操作简便、喷涂速度快、涂层质量高等特性，被广泛应用于汽车制造、家电制造、建筑装饰、航空航天等领域，成为现代工业生产中不可或缺的设备。

十、压瓦机

压瓦机是一种专业金属成型设备，主要用于将金属板材压制为各种形状的瓦楞板，广泛应用于建筑、包装、交通等领域。该设备由送料系统、成型系统、切割系统及控制系统等组成。凭借精确的模具设计与压力控制，压瓦机能快速、准确地将金属板材压制成所需形状的瓦楞板。其具有生产效率高、自动化程度高、压制质量稳定等优点，可根据客户需求进行定制化生产，是现代金属加工行业中不可或缺的重要设备。

第二节　钢部品构件的生产

一、下料

（一）下料常用方法

钢结构下料常用的方法有手工切割、半自动切割、数控切割和机械剪切。

1. 手工切割

手工切割以其灵活性在钢结构下料中占据一席之地，尽管它存在切割质量不稳定、尺寸误差大、材料利用率低以及劳动条件差等缺点，但在中小型乃至部分大型企业中，由于其对场地和设备的限制较少，手工切割仍然被广泛应用。

2. 半自动切割

半自动切割通过引入机械化设备，提高了切割效率和质量。其中，仿形切割机能够产生较好的切割效果，但受限于切割模具，不适用于单件、小批量或大尺寸工件的切割。而其他类型的半自动切割机，虽然降低了工人的劳动强度，但其功能相对单一，主要适用于规则形状零件的切割。

3. 数控切割

数控切割技术的出现，极大地提升了板材切割的效率和精度。通过预先编程，数控切割机能够自动完成复杂的切割任务，减轻了操作者的劳动强度。随着现代机械工业对切割加工效率和质量的要求不断提高，数控切割已成为钢结构生产企业中不可或缺的下料方式。

4. 机械剪切

机械剪切是板材粗加工的一种有效方法，属于冷切割范畴。在钢结构生产中，剪板机和锯床是常用的剪切设备。与其他切割方法相比，机械剪切具有剪切后部件变形小、生产效率高等优点。然而，剪板机的应用范围受到限制，它主要适用于直线剪切，对于曲线或带弧度的部件则无法直接完成剪切。平剪机作为钢结构生产中常用的剪板机类型，能够满足大多数直线剪切的需求。

(二) 下料要点

1. 气割

钢结构切割下料常采用气割，气体可为氧气-乙炔、氧气-丙烷等。气割施工操作要点如下：

①为了保证产品质量，下料时需适当预放加工余量，一般可根据不同加工量按下列数据进行：a. 自动气割切断的加工余量为3mm；b. 手工气割切断的加工余量为4mm；c. 气割后需铣端或刨边的，其加工余量为4~5mm；d. 对于有焊接结构的零件，除预放上述加工余量外，还需考虑焊接零件的收缩量。焊缝的收缩率及收缩量因多种因素而异。

通常来说，沿着焊缝长度的纵向收缩率范围在0.03%~0.2%之间；而沿焊缝宽度的横向收缩，每条焊缝的收缩量大约在0.03~0.75mm之间。加强肋的焊缝会引起构件的纵向收缩，加强肋每条焊缝的收缩量约为0.25mm。在实际加工中，加工余量和焊接收缩量的确定需综合考虑拼装方法、焊接技术、钢材类型以及焊接环境等多重因素。

②在气割前，清理钢材表面的铁锈、污物，预留空间利于熔渣吹出。在点燃割炬后，根据工件厚度调整火焰，匀速移动割炬，切割件表面与焰芯尖端保持2~5mm距离。

③在气割时，确保气压稳定，仪表正常，机体行走平稳，轨道平直无振动，割嘴气流畅通，割炬角度位置准确。

2. 等离子切割

等离子切割无需保护气，工作时与切割气体同喷嘴喷出。空气等离子切割以压缩空气为工作气体，利用高温高速等离子弧熔化金属，并高速吹走熔化物形成切缝。其热熔值高，电弧能量大，切割速度快，成本低，气源便捷。等离子切割操作要点如下：

①回路采用直流正接，工件接正极，钨极接负极，减少电极烧损，确保等离子弧稳定。

②手工切割时，避免在切割线上引弧。切割内圆或内部轮廓，需先钻孔（直径12~16mm），由孔开始切割。

③自动切割时，调整切割范围和小车速度。保持割轮与工件垂直，避免形成熔瘤，确保切割质量。

3. 机械剪切、冲裁

钢零件下料时，如果对于钢材边缘质量要求精度不高，可以选用剪板下料或锯床切割。

（1）剪板下料要点

①斜口剪床剪切时，需根据剪板厚度调整剪刀间隙。

②在用龙门剪床剪切前，清理钢板表面，画出剪切线，对准下刀口，多人操作需

统一指挥，压紧后剪切，剪切长度不超下刀口长度。

③圆盘剪切机剪切时，调整上下圆盘剪刀距离以适应钢板厚度。

④禁止同时剪切不同规格、材质的板料，不得叠料剪切。

⑤剪切板料需表面平整，无法压紧的窄板料不得剪切。

⑥不得剪切超过剪床工作能力的板材。

⑦送料时，手指离剪刀口至少 200mm，并离开压紧装置。

⑧剪切时，确保剪切线准确，压料装置压紧板料以控制尺寸精度。

⑨剪切后零件变形需矫正。

⑩机械剪切零件厚度不宜超过 12mm，剪切面应平整。薄板剪切后，硬化区需处理。

⑪拼接翼板或腹板时，保证 H 型钢翼缘板与腹板拼接缝错开间距不小于 200mm，满足拼接长度和宽度要求。

⑫低温环境下（碳素结构钢低于 −16℃，低合金结构钢低于 −12℃），不得进行剪切、冲孔操作。

（2）锯床下料要点

①型钢和钢管变形需预先矫直，方可锯切。

②选用设备及锯片规格需满足加工精度要求。

③单个构件锯切前，先画号料线，留出锯槽宽度后对线锯切。成批加工可预装定位挡板。

④重要钢部品构件需预留精加工余量，以供锯切后进行端面精加工。

（3）冲裁下料要点

①冲裁时需根据技术性能参数来选择冲床，技术参数对冲裁工作影响大。

②冲裁零件所需的冲裁功小于冲床吨位与额定功率，薄板冲裁功小，可不考虑。

③滑块处于最低位置时，其下表面至工作台面距离应与模具闭合高度相适应。

④冲裁模具尺寸需与工作台面尺寸相匹配，确保模具牢固安装。

⑤冲裁模具的凸模尺寸总要比凹模小，其间存在一定的间隙。

⑥冲裁加工时，一定要合理排样以降低材料损耗。

⑦冲裁时，材料在凸模工作刃口外侧应留有足够的宽度，即搭边。搭边值一般根据冲裁件的板厚按以下关系选取：圆形零件不小于 0.7mm；方形零件不小于 0.8mm。

（三）下料精度

钢结构下料精度须符合《钢结构工程施工质量验收标准》的各项要求。

二、制孔

目前，栓接是装配式钢结构施工现场最主要的连接方式。因此，钻孔是装配式钢结构制作中不可或缺的一道重要工序。

（一）制孔常用方法

制孔可以采用钻孔和冲孔的方法。

1. 钻孔

钻孔包括人工钻孔和机床钻孔。钻孔可在钻床等机械上进行，适用于任何厚度的钢构件或零件，孔壁损伤小，成孔精度高。

（1）人工钻孔

钢结构人工钻孔常用手枪式或手提式电钻，多用于钻直径较小、板料较薄的孔；也可以采用压杆钻孔，由两人操作，可钻一般性钢结构的孔，不受工件位置和大小的限制。

（2）机床钻孔

机床钻孔常用数控钻孔或摇臂钻孔，数控钻孔有二维钻孔和三维钻孔。数控二维钻孔只能对板料平面钻孔，数控三维钻孔可以对钢部件构件两个以上的平面钻孔。

2. 冲孔

冲孔是在冲床上将板料冲出孔来，效率高，但孔壁损伤较大，成孔精度低，常用于对薄板、角铁、扁铁或铜板冲孔。

（二）制孔要点

1. 试钻检查

钻孔前需试钻，经检查认可后方可正式钻孔，防止批量不合格。

2. 钻模制孔

精度要求高、板叠层数多或同类孔多时，可采用钻模制孔或预钻小孔后扩孔。板叠小于 5 层，预钻小孔直径小一级；大于 5 层，预钻小孔直径小二级。

3. 钻头选择

钻透孔用平钻头，不透孔用尖钻头。板叠厚、直径大或材料强度高时，用群钻钻头降低切削力。

4. 钻模应用

批量大、孔距要求高时，采用通用、组合或专用钻模。

5. 长孔加工

长孔可两端钻孔，中间氧气切割，长度需大于直径 2 倍。

6. 高强螺栓孔

采用钻成孔后，用量规检查通过率。不合格的孔需经同意后扩钻或补焊重钻，扩钻孔直径不得大于原设计 2.0mm，补焊焊条需与母材性能相当。

7. 冲孔应用

冲孔用于非圆孔及薄板孔，孔直径需大于板厚。

8. 冲孔抽查

大批量冲孔时，按批抽查尺寸及中心距，及时发现问题并纠正。

9. 冲孔温度

环境温度低于−20℃时，禁止冲孔。

三、边缘加工

（一）边缘加工常用方法

1. 铲边

铲边适用于低要求边缘加工，分手工与机械（风动铲锤）两种。风动铲锤由进气管、扳机等部件组成，连接压缩空气即可铲削。

2. 刨边

刨边分为刨直边和刨斜边，加工余量依钢材厚度和切割方法而定，一般为2～4mm，需注明刨边类型。

3. 铣边

铣边用于加工构件的端部，可以保持精度，效果优于刨边。适用于起重机梁、桥梁接头等，减小焊缝的焊角尺寸。

4. 气割切割坡口

气割切割坡口包括手工切割和自动/半自动气割机切割，调整割炬嘴角度即可开坡口。简单易行，但需清理氧化铁皮残渣。

5. 碳弧气刨

碳弧气刨以碳棒为电极，产生电弧加热金属至熔化，用压缩空气冲掉残渣，实现刨削或切削。

（二）边缘加工要点

气割或机械剪切的零件需边缘加工时，刨削量应不小于2.0mm；焊接坡口加工宜用自动/半自动切割、坡口机、刨边等方法；边缘加工需确保加工面垂直度及表面粗糙度符合要求。

四、球、杆件加工

（一）球、杆件加工常用方法

球加工成形一般分为热锻和拼焊两种方法。热锻成形的球称为螺栓球，焊接成形的球称为焊接球。网架球节点杆件均采用钢管，平面端采用机床下料，管口相贯线采用自动切管机下料。

（二）球、杆件加工要点

1. 螺栓球加工要点

毛坯由钢锭锻打而成，材质需源头严控。检查重点：裂纹、氧化皮、球径误差。球径过小，铣面面积不足，影响螺栓球与套筒接触，易生质量隐患。材质需符合优质碳素结构钢标准（45号钢）。

（1）螺栓孔加工要求

①铣面需保证足够套筒接触面。

②球孔统一指向球心，加工中常核对三爪卡盘、钻头钻芯及工装中心。

③成孔角度需符设计要求，加工前整理工序。成品球抽检，可借图纸相近螺栓球对比查角度、评误差。长期不用的工艺孔、成型球需密封防锈。新钻头、丝锥及不常见孔加工后，需用螺栓试拧，并检查咬合度。

（2）螺栓球网架加工要求

各工种需精细操作，班组需严控规范。班组间应加强交流，统一认识，提高加工质量。

（3）成型后要求

螺栓球外观无裂纹、叠皱、过烧，氧化皮需清除。封板、锥头、套筒表面亦无裂纹、过烧、氧化皮。

2. 焊接球加工要点

①加肋焊接球。肋高不超球内表，免碍拼装。

②下料控制。尺寸精准，留适当余量。

③加热压制。材料加热至600～900℃，半圆胎具内逐步压制，均匀加热，及时清理氧化皮，半圆球胎具内可换位。

④半圆球冷却修正。取出冷却，样板修正，留拼接余量。

⑤圆球拼装。用胎具保质量。

⑥焊接拼接。全熔透焊缝，二级质量，拼好圆球放焊接胎具，固定小孔，旋转调整焊接参数，多层多道埋弧焊（或气体保护焊）至焊缝填平。

⑦焊缝外观。光滑，无裂纹褶皱，余高符合要求，24小时后超声波探伤检查。

3. 杆件加工要点

①杆件选择。网架球节点以钢管为材料，平面端用机床下料，管口用相贯线自动切管机下料。考虑拼装后的长度变化，焊接球杆件尺寸需综合考虑多种因素，慎重调整，防止批量误差。

②杆件校正。下料后检查是否弯曲，如有则校正。

③坡口处理。杆件下料后打坡口，焊接球杆件壁厚不大于5mm可不开坡口，螺栓球杆件必开坡口。

④杆件拼装。与封板或锥头拼装需用定位胎具，确保长度一致。定位点焊后查坡

口尺寸，双边各开30°坡口，留2～5mm间隙。封板或锥头的焊接在旋转支架上进行，焊缝需焊透、饱满、均匀，不咬边。

⑤高强度螺栓埋入。螺栓球网架杆件小拼前埋入高强度螺栓，埋前逐条进行硬度试验和外观检查，疑义者禁用。

⑥焊接球节点杆件。与球体直接对焊，管端面曲线用相贯线切割机下料，或展开样板号料，气割后镗铣。放样考虑管壁厚度及坡口，管口曲线用样板检查，间隙偏差不大于1mm，管长预留焊接收缩余量。

五、组焊矫加工

（一）组焊矫加工常用方法

1. 组立常用的方法

组立通常使用专用设备，如组立机进行精确组装。

①H型钢组立。焊接H型钢时，常用H型钢组立机进行翼腹板的组装。

②箱型柱和梁的组立。可以采用箱型柱组立机进行，也可在平台上人工完成组立工作。

③十字柱的组立。十字柱的组立可以采用已经焊接好的H型钢和两个T形钢，通过人工方式完成。

对于一些特殊截面，若无法满足组立机的要求，可采用人工组立方法进行。

2. 埋弧焊常用的方法

埋弧焊通常使用自动或半自动埋弧焊机进行焊接。

①H型钢焊接。H型钢的埋弧焊接常采用龙门式埋弧焊机。龙门式埋弧焊机具有较高的自动化水平，操作简便，且焊接机头可以进行垂直升降和角度调整，适应不同焊接工件的需要。焊剂通过重力送进，负压系统回收焊剂，且两个焊接机头可以同时进行焊接，也能单独操作。

②箱型构件焊接。箱型构件的箱体主焊缝焊接常用双丝自动埋弧焊机、半自动埋弧焊机或改装的龙门式埋弧焊机。

3. 矫正常用的方法

矫正：以新变形抵消旧变形，保障钢结构的制作精度。

（1）冷矫正法

方式：采用机械矫正与手工矫正相结合的方式。

工具设备：配备矫正机、压力机、千斤顶、弯轨器、手锤等专业工具。

原理：通过施加外力作用，对钢结构部件进行精确矫正。

应用实例：H型钢焊接成型后，翼缘板在焊缝位置产生弯曲变形，使用型钢矫正机进行侧向和垂直向下的压力矫正；零件气割或剪切后产生的变形，可通过手锤进行锤击矫正。

（2）热矫正术

方法：采用火焰矫正技术。

原理：通过对钢结构部件的局部进行加热，利用冷却时产生的冷缩应力，使材料内部纤维收缩，从而达到矫正变形的目的。

适用范围：仅适用于低碳钢材料，对于中碳钢、高合金钢、铸铁和有色金属等脆性较大的材料，由于冷却收缩变形可能产生裂纹，因此不得采用此方法。

（3）混合矫正策略

应对策略：在机械矫正后，对于焊后产生的弯曲、扭曲等难以用单一方法矫正的变形，可采用混合矫正方案。

方法选择：结合其他合适的热矫正方法或配合使用小型机具进行矫正，适用于型材、钢构件、工字梁、构架或结构件的局部及整体变形矫正。

注意事项：当普通碳素结构钢温度低于−16℃、低合金结构钢温度低于−12℃时，不宜采用此混合矫正方案，以避免产生裂纹。

（二）组焊矫加工要点

1. 组立加工要点

①基准选择。以 H 型钢的一端作为基准，确保翼缘板、腹板的尺寸偏差能够累积至另一端，以便统一调整和处理。

②定位基准线标记。在翼缘板上准确标志出腹板的定位基准线，为后续的组装工作提供准确的定位依据。

③腹板定位与点焊。腹板的定位应采用定位点焊的方式，点焊缝的间距和长度需根据 H 型钢的具体规格来确定。一般而言，点焊焊缝的间距应控制在 300～500mm 之间，焊缝长度应为 20～30mm。同时，腹板与翼缘板应紧密贴合，局部间隙不得大于 1mm。

④拼接缝间距控制。若焊接 H 型钢的翼缘板和腹板存在拼接缝，应确保这些拼接缝的间距不小于 200mm，以避免因拼接缝过近而影响 H 型钢的整体强度和稳定性。

2. 埋弧焊加工要点

①焊接材料与母材的匹配。焊接材料必须符合设计要求，并遵循国家现行的标准规定。在使用之前，焊接材料应根据产品说明书和焊接工艺文件的要求进行烘烤和存放，以确保其性能符合焊接要求。

②调整焊接参数。焊接前，应根据工艺文件的要求，调整焊接电流、电弧电压、焊接速度和送丝速度等参数，确保所有焊接条件符合标准后，才能正式开始焊接作业。

③焊接前的检查。焊工在施焊之前，需要检查焊接部位的组装情况和表面清理质量。如果不符合要求，应进行修磨和补焊，直到符合标准再开始焊接。焊接坡口的组装允许偏差应严格按照设计规定执行。如果坡口组装间隙超过允许偏差，可以通过在坡口单侧或两侧堆焊、修磨来修正，但当间隙超过较薄板厚度的两倍或大于 20mm 时，

不应使用堆焊方法来增加构件长度或减小间隙。

④焊接接头的特殊要求。T形接头、十字形接头、角接接头和对接接头的主焊缝两端，必须配置引弧板和引出板。引弧板的材质应与被焊母材相同，坡口形式应与焊缝相匹配。严禁使用其他材质的材料作为引弧板。此外，为确保焊透，焊接接头的反面材质应与被焊母材相同，坡口形式应与被焊焊缝一致，严禁使用其他材质的材料作为引弧板和引出板。此外，为了确保焊接质量并达到完全焊透，焊接接头的反面也需要进行适当处理。例如，在焊接过程中，接头的反面可以进行焊接修补或反面打底，以保证焊缝的全面性和连接的牢固性，防止出现焊透不完全的缺陷。

⑤板材厚度与焊接要求。对于厚度12mm以下的板材，可以采用不开坡口的方法，通过双面焊接实现连接。正面焊接时，焊接电流稍大，熔深应达到65%～70%，而反面焊接的熔深要求为40%～55%。对于厚度大于12mm的板材，采用单面焊接后，需要对背面进行清根处理，再进行焊接。对于较厚的板材，通常需要开坡口进行焊接，打底焊一般采用手工焊接。

⑥填充层厚度。填充层的总厚度应低于母材表面1～2mm，并保持稍微凹陷的形状，不得熔化坡口边缘。这样可以确保焊缝的稳固性，避免过度熔化导致的结构问题。

⑦盖面层焊接要求。盖面层的每条焊缝宽度应覆盖坡口熔宽的3±1mm，焊接过程中应调整焊接速度，以确保余高在0～3mm之间，保证焊缝外观的平整和强度。

⑧引弧位置要求。严禁在焊缝区以外的母材上打火引弧。引弧应该仅在需要焊接的部位进行，以避免不必要的热影响区，影响焊接质量。

⑨刨平顶紧部位的检验要求。对于刨平顶紧的部位，在施焊之前，必须经过质量部门的检查并确认合格，确保焊接质量不受影响。

⑩构件焊接顺序与工艺要求。在组装完成的构件上进行焊接时，应严格按照焊接工艺规定的参数和焊接顺序进行操作，尤其是在控制焊接顺序时，以防止焊后变形。合理的焊接顺序和参数调整有助于减少残余应力和变形，提高构件的精度和稳定性。

⑪引弧板和引出板规格要求。引弧板和引出板的宽度应大于80mm，长度建议为板厚的2倍，且不得小于100mm，厚度不应小于10mm。确保引弧板和引出板的尺寸符合规定，有助于保证焊接接头的质量和安全。

3. 矫正加工要点

①H型钢矫正机的匹配要求。所使用的H型钢矫正机必须与被矫正对象的尺寸相匹配，确保设备能够适应不同尺寸和形状的H型钢，以保证矫正精度。

②H型钢翼缘板矫正次数。在进行H型钢翼缘板矫正时，矫正的次数应根据翼缘板的宽度和厚度来确定，一般情况下，矫正次数为1～3次，确保翼缘板达到设计要求的平整度。

③火焰矫正的应用。当H型钢出现侧向弯曲、扭曲或腹板表面平整度达不到要求时，应使用火焰矫正方法进行处理。火焰矫正通过局部加热的方式，能够有效矫正这些形变。

④低温环境下的冷矫正限制。在低温环境下进行矫正时，碳素结构钢应避免在低于−16℃的环境下进行冷矫正和冷弯曲；低合金结构钢则不能在低于−12℃的环境中进行冷矫正和冷弯曲。对于加热矫正，碳素结构钢和低合金结构钢的加热温度应严格控制在900℃以下。

⑤热加工成型的温度要求。在进行热加工成型时，加热温度应控制在900～1000℃之间。对于碳素结构钢和低合金结构钢，当加热温度分别下降到700℃和800℃时，应结束加工过程。低合金结构钢在加热矫正后，应通过自然冷却降温。

六、对接、组装

(一) 对接

1. 对接方法

在钢结构工程中，角钢和槽钢常常需要进行对接。对于受力不大的钢结构工程，这些型钢通常采用直缝接头。然而，从受力强度上来看，斜接接头相较于直缝接头更为坚固。因为在焊接过程中，通常选择的焊条强度大于被焊金属的基本强度，随着焊缝长度的增加，焊缝的强度也会相应增强。因此，斜接接头在承载能力上具有更高的可靠性。

2. 型钢对接

(1) 型钢标准接头

型钢接头种类繁多，根据不同规格的型钢以及接头所在的部位，必须按照标准要求进行处理。特别是在连接覆板和盖板时，要遵循相应的尺寸和连接要求。对于等边角钢、不等边角钢、槽钢以及工字钢的接头，都需要按照具体的技术标准进行设计和施工，以保证其强度和安全性。

(2) 型钢加固对接

①角钢加固拼接方法。用于高强度角钢结构连接，可采用内/外侧单面或双面加固。重叠加固时，需去除内侧角钢覆盖部分，确保缝隙严密。双层角钢间垫入夹板，用 U 形卡具压紧后焊接。

②工字钢、槽钢盖板加固。对接点处用盖板内外加固，重要工程需增强强度时，可采用矩形或菱形加固盖板，菱形板受力更均匀稳定。

③钢板盖板连接技术。在特殊钢结构中，钢板对接强度不足且不允许搭接时，采用盖板连接。可单面或双面加固，单面加固时需先焊 V 形坡口，再焊加固盖板。

④型钢顶板连接应用。用于钢柱顶端、底座板和中间对接夹板结构。连接前将型钢断面加工成平面，再焊接顶板、夹板或底座板，以减小变形，保证受力均匀。

⑤套管连接技术。适用于管道工程和承架钢管结构，可增强对接强度。承架结构的内管对接处无需焊接，只焊外管两端。管道工程则需先焊内管对接处，焊缝需光滑，无焊瘤、砂眼和渗漏，外焊肉不得超出钢管曲面。

（3）型钢混合连接

在钢结构工程中，型钢结构的连接形式多种多样，如角钢、槽钢、工字钢等互相连接。

3. 角框拼装

矩形角钢框的制作依据其尺寸与需求进行定制化加工。当框架尺寸不超过 3m 时，常采用整根角钢依据图样精确切割后，于切口立面局部加热，并利用定位铁辅助进行内侧弯制。对于较大尺寸的框架，则可将整根角钢分割为 3～4 部分，通过直角或斜口对接方式组合。弯制过程中，针对角钢的不同面宽选择合适的加热方式（氧气-乙炔焰或炉内加热），并注意控制加热程度以避免过度变形。弯制后，需使用压弧锤调整圆弧角度，并在余热状态下用衬平锤修整圆钢角部位，最终通过直角尺检验确保立面与平面的垂直度，以达到精确的加工要求。

（二）组装

1. 组装加工常用方法

钢结构部件的组装方法需依据其结构特性、技术要求，并综合考虑制造厂的加工实力及机械设备条件来选定，旨在确保组装精度，减少工时，提升效益。

常用的钢结构组装方法包括：

①地样划线组装法。此为钢结构组装中最基础的方法，依据图纸在地面标记出各零件的装配定位线，随后按线进行零件间的装配。该方法适用于小批量零部件的组装作业。

②胎模固定组装法。此为大批量构件组装中广泛采用的高效方法，其特点在于装配质量高、作业速度快。具体操作时，利用胎模将各零部件固定在预定装配位置，通过焊接定位实现一次性成型。胎模需为完整且不变形的整体结构，按施工图 1:1 比例实样制造，其零部件实位加工精度需与构件精度相匹配或更高。胎模制造完成后，应架设于离地约 800mm 处或其他便于操作的位置。

2. 组装加工要点

（1）焊接 H 型钢及 H 型钢组装加工要点

①组装过程需严格遵循工艺流程，优先组装主体结构部件，按照由内而外或由表及里的顺序逐步进行。若存在隐蔽焊缝，务必先完成焊接，并经检验确认合格后方可进行覆盖。对于复杂且难以施焊的部位，也应按照工序依次组装和焊接，严禁随意改变顺序或强力组装。

②钢起重机梁的下翼缘部分，禁止焊接任何工装夹具、定位板、连接板等临时性附件。钢起重机梁和起重机桁架在组装、焊接完成后，应在自重荷载下不出现下挠现象。

③对于非密闭且隐蔽的部位，在组装前应按照施工图的要求进行涂层处理。

④为保证有角度的梁在组装后外观尺寸的准确性，应采用地样或专用胎具进行

装配。

⑤在对构件进行切割修边时，气割边缘应保持直线且垂直，气割完成后应彻底清除割渣，以使得组装时连接位置的尺寸精确无误。

⑥组装带孔的连接板时，应以孔为中心进行定位，以便在施工现场能够顺利安装。

⑦在组装过程中，应根据焊缝的质量要求严格控制零部件之间的间隙。

⑧定位焊必须由具备相应资质的作业人员完成，且定位焊的焊缝质量应与最终焊缝的质量要求一致。

⑨钢衬垫的定位焊应在接头坡口内进行，焊缝厚度需控制在设计焊缝厚度的2/3以内。定位焊箍的长度应大于40mm，间距保持在500～600mm之间，且应确保弧坑被填满。同时，定位焊的预热温度应设定得高于正式施焊的预热温度。

⑩若定位焊焊缝上出现气孔或裂纹，必须立即清除，并重新进行焊接。

⑪对于需要全熔透焊接的组装焊缝位置，当钢材厚度超过8mm时，应在焊缝对应位置开设坡口。坡口表面应彻底清理干净，确保无割渣、氧化皮等杂质残留。定位焊同样应在坡口内进行。

⑫胎具及首批装配出的成品必须经过严格的检验程序，确认合格后方可进行大批量的组装生产。

（2）箱型构件组装加工要点

①拼接要求。箱型构件的侧板拼接长度应不少于600mm，相邻两块侧板的拼接缝间距不得小于200mm。应避免侧板宽度方向的拼接，除非截面宽度超过2400mm且确需拼接，此时拼接宽度应不小于板宽的1/4。这样能够确保拼接处的力学性能符合设计要求，避免产生结构缺陷。

②组装顺序。箱型构件的组装应按预定工艺方法进行，确保每个组装步骤的精度和顺序。人工组装时，需严格按照工艺规范操作，以保证各部分的配合精度。在处理其他加工要点时，可参考H型钢组装的标准流程。

（3）型钢组装加工要点

①热轧型钢拼接要求。热轧型钢可采用直口全熔透焊接拼接。拼接长度应不小于截面高度的两倍，且不低于600mm。若设计要求考虑动载荷或疲劳验算，需满足相应的设计标准。

②钢管接长规定。对于钢管接长，每个连接节段应作为一个接头。接长的最小长度应根据钢管直径来确定：当钢管直径不超过800mm时，接长长度不小于600mm；当钢管直径大于800mm时，接长长度应不小于1000mm。

③钢管焊接要求。钢管接长时，相邻管节的纵向焊缝应错开，错开距离（沿弧长方向）不小于钢管壁厚的五倍。主管拼接焊缝与支管焊缝之间的距离应大于80mm。这样有助于分散焊接应力，增强接头的强度与耐用性。

（4）桁架组装加工要点

①桁架组装流程。桁架在组装时，应先对弦杆和腹杆进行单支拼配、焊接与矫正，

确保部件精度达标后，再进行整体大拼装。

②桁架拼装方法选择。桁架拼装可采用胎模装配法或复制法。胎模装配法因其高精度，更适用于大型桁架；而复制法由于拼装速度快，更适合一般中小型桁架。

③拼装胎模的收缩量设置。放拼装胎模时放出收缩量，一般放至上限（跨度 L≤24m 时放 5mm，L＞24m 时放 8mm）。

④桁架起拱处理。对于跨度达到或超过 18m 的梁和桁架，应依据设计要求进行起拱。若设计未明确起拱要求，但考虑到上弦焊缝较多可能引起的下挠风险，建议采取适度起拱措施（如 10mm），以防止结构变形。

七、手工焊接

（一）手工焊接常用方式和方法

1. 手工焊接常用方式

手工焊接常用的焊接方式有平焊、立焊、横焊和仰焊。

（1）平焊

平焊是一种利用熔滴自重过渡的焊接方式，操作相对简单，适用于较大直径的焊条和强电流，能有效提高焊接生产率。然而，平焊过程中也易出现熔渣与铁水混淆、夹渣、焊瘤、未焊透以及透度不均、背面成形不良等问题。为确保平焊质量，需掌握以下操作要点：

①焊接参数选择。根据焊接需求，精心选择焊接工艺、电流、速度及电弧长度等参数，并通过焊接试验进行验证，以确保焊接效果符合预期。

②焊接电流设定。焊接电流的设定需综合考虑焊件厚度、焊接层次、焊条牌号、直径以及焊工的熟练程度等因素，以确保焊接过程的稳定性和焊接质量。

③焊接速度控制。焊接速度应保持恒定，以确保焊缝高度和宽度一致。同时，焊工需通过面罩观察熔池中的铁水与熔渣，保持它们的距离在 2～4mm 之间，以避免夹渣等缺陷的产生。

④电弧长度管理。电弧长度应根据所用焊条的牌号进行调整，一般要求电弧长度稳定不变。对于酸性焊条，电弧长度以 4mm 为宜；对于碱性焊条，则以 2～3mm 为宜。

⑤焊条角度调整。焊条角度需根据两焊件的厚度进行精确调整。焊条与焊接前进方向的夹角应控制在 60°～75°之间，而与焊件左右侧的夹角则应根据焊件厚度是否相等来分别设定，通常为 45°或适当调整。

⑥起焊操作。在焊缝起点前方 15～20mm 处引燃电弧，对母材进行预热后，再将电弧带回到起焊点，填满熔池至所需厚度后，方可开始向前施焊。在焊接过程中，若需更换焊条，应先清除熔池上的熔渣，再采用与起焊相同的方法进行接头处理。

⑦收弧技巧。每条焊缝焊接至末尾时，应填满弧坑，并向焊接方向的相反方向带

弧，以避免弧坑咬边现象的发生。

⑧清渣与自检。整条焊缝焊接完成后，需及时清除熔渣，并进行自检。确认无误后，方可转移至下一焊接地点继续作业。

（2）立焊

在立焊时，由于焊条熔滴和熔池内的金属容易下淌，操作难度较大，因此需要采用较细的焊条、较小的电流以及短弧焊接来提高操作的可控性。选用合适的焊条角度是关键，尤其是在对接立焊时，焊条角度应保持左右方向为90°，并使焊条与下方垂直平面成60°～80°的角度。运条方法应根据接头形式和熔池温度的变化灵活调整。

立焊操作要点：

①在相同条件下，焊接电流应适当降低，通常减少10%～15%。

②焊接时应采用短弧焊接，保持弧长在2～4mm之间。

③焊条角度的选择应根据焊件的厚度来确定：

当两焊接件厚度相等时，焊条与焊件左右方向的夹角应为45°。

当两焊接件厚度不等时，焊条与较厚焊件一侧的夹角应大于较薄一侧。

焊条应与垂直面呈60°～80°角，电弧略向上吹向熔池中心，帮助熔池稳定并避免金属下淌。

（3）横焊

采用横焊方式时需注意以下操作要点：

①横焊过程中，熔化金属容易因重力作用流向坡口下方，可能导致未熔合或层间夹渣问题。为减少此类现象，应选用较小直径的焊条并采用短弧进行焊接。

②横焊与平焊的工艺基本相似，但焊接电流需比平焊条件下低10%～15%。电弧长度应控制在2～4mm的范围内。

③焊接时焊条需向下倾斜，角度保持在70°～80°，以防止铁水因重力作用下淌。

④根据焊接工件厚度的不同，可灵活调整焊条角度，以适应具体工况需求。

⑤焊条与焊接前进方向应维持在70°～90°，以达到良好的焊接效果。

⑥坡口上边缘易出现咬边现象，下边缘则容易发生铁水下淌。因此，在操作时应在坡口上边缘短暂停止稳弧，随后以合适的焊接速度焊至坡口下边缘，并进行小幅横拉稳弧动作，再迅速回到上坡口。整个过程需保持匀速操作，避免焊接缺陷。

（4）仰焊

仰焊操作时需要注意以下几点：

①仰焊过程中，焊条与焊接方向应保持70°～80°的角度，同时采用较小电流和短弧方式进行操作，以降低熔池金属流淌的风险。

②在处理开坡口仰焊时，多层焊接或多层多道焊接是一种常用方法。焊接的第一层通常使用直径为φ3.2的焊条，并采用直线或往返运条的方式。在起焊前，需用长弧对起焊点进行加热，时间依据焊件厚度、钝边及间隙大小而定。预热完成后，应迅速缩短电弧，将其移至坡口根部，停留数秒以达到焊透的效果。焊接过程中，移动电弧

的速度需适当加快，以避免金属烧穿或下坠，同时使焊缝表面保持平整。随后进行第二层焊接时，应彻底清理熔渣和飞溅物，并将焊瘤修整平整，再选择月牙形或锯齿形运条方式进行操作。

③多层焊接时，各层焊缝的布局应与其他位置的焊接顺序保持一致，同时根据焊接位置调整焊条角度，以确保熔滴稳定过渡，提升焊接质量。

④仰焊中的熔池金属悬挂于焊件下方，缺乏支撑，容易导致成形困难并出现熔渣覆盖熔池的现象。因此，操作时应采用极短电弧，使熔滴快速进入熔池，与液态金属结合，形成稳定的焊缝。同时，应选择较小直径的焊条和更低的电流，以减小熔池体积，避免金属下坠。如果电流或焊条直径过大，会增加熔池体积，导致金属流淌；反之，电流过小则难以焊透根部，可能引发夹渣或焊缝缺陷。

2. 手工焊接常用方法

钢结构手工焊接常用到的方法有手工电弧焊和 CO_2 气体保护焊。手工焊接常用于现场环境条件不能使用自动、半自动焊或用自动、半自动焊不方便时，以及钢结构组装后零部件的焊接。

（二）手工电弧焊的优势

①设备构造简单，成本低廉且维护便捷。焊接时无需复杂的辅助设备，仅需配备基础工具，且易于携带，适合多场景使用。

②不依赖辅助气体保护，具备较高的抗风性能，即使在较为恶劣的室外条件下也能稳定工作。

③操作方式灵活，适应性广泛。只要焊条能够触及的地方，都能进行焊接。特别适用于单件、小批量工件，以及形状不规则、空间位置复杂或难以实现机械化的焊接任务。

④适用范围广，能够处理多种金属和合金材料，包括低碳钢、低合金结构钢、不锈钢、耐热钢、低温钢、铸铁、铜合金、镍合金等。还可用于异种金属的连接、铸铁补焊以及金属材料的堆焊。

⑤焊条药皮具有保护作用，其中的脱碳元素能有效降低金属中碳的含量，从而改善焊接效果。

⑥使用便捷且经济性高，尤其适合多品种、小批量焊接件的生产需求。其灵活性使其在设备安装焊接和修补焊接领域占据不可替代的地位。

（三）焊接要点

①焊接材料需与母材相匹配，满足设计文件、技术规范以及国家现行标准的相关要求。

②使用焊接材料前，应按照产品说明书和焊接工艺文件的要求进行烘焙，并在适宜环境中妥善存放，以避免材料受潮或性能变化。

③焊接工作应由持证焊工完成，且焊工需在其合格证书规定的范围内进行操作，

禁止无证人员从事焊接作业。

④焊接前应清理坡口及周围表面的水分和油污，可通过氧气-乙炔火焰加热的方法去除，但需严格控制加热温度，以免过热导致母材受损。

⑤焊缝应按照设计图纸中规定的等级进行施工，一、二级焊缝需通过无损检测，验证其内部是否存在缺陷。

⑥焊接后如发现裂纹或焊缝质量未达到设计要求，应对问题焊缝及时进行返修处理，以满足使用要求和结构质量标准。

第三节　外围护部品构件的生产

一、围护构件的加工

（一）压型金属板加工方法

压型金属板是通过辊压冷弯工艺，将金属板沿其宽度方向加工成连续波形或特定截面的成型板材。

建筑领域使用的压型金属板以冷轧薄钢板为基材，经过镀锌或镀铝锌处理，再添加彩色涂层，通过成型机辊压冷弯形成波纹钢板。这类轻型建筑板材的厚度通常在 0.4~1.6mm，常见形状包括波纹形、V 形、U 形、W 形及梯形等。此外，彩色涂层钢板、热镀锌钢板、镀铝锌合金钢板等经表面处理的薄钢板，以及不锈钢板、铝合金板、铜板和钛合金板等材质也广泛用于生产压型金属板。

压型金属板在建筑中的应用十分广泛，覆盖工业厂房、仓库、飞机库、体育场馆、会展中心、商贸市场、餐饮场所，以及高层建筑、住宅、别墅和抗震救灾组合房屋等各种建筑类型。其特点包括灵活的成型方式、快速的施工效率、美观的外观效果，以及轻便性和便于工业化、商业化再生产的优点，因而成为建筑屋面和墙体围护材料的常用选择。

（二）保温夹芯板加工工艺

保温夹芯板是通过将保温隔热材料（如聚氨酯、聚苯乙烯或岩棉）与金属面板使用粘胶连接，经成型机辊压后制作成的整体复合板材。夹芯板的厚度范围通常在 30~250mm 之间，而建筑围护结构中常用的厚度多为 50~100mm。

此外，还有两种常见的保温隔热施工方式。一种是将岩棉材料置于两层压型钢板之间进行保温隔热；另一种是在两层压型钢板间填充玻璃丝棉，或者在单层压型钢板底部添加玻璃丝棉。后一种方法通常在施工现场完成，与压型钢板同步复合加工。

（三）包边包角板、泛水板及屋脊盖板的加工工艺

此类构件通常采用平板彩钢板作为基础材料，通过精密折弯工艺加工而成。在制作过程中，需要严格把控尺寸精度和板材的平整度，以保证成品的质量与美观。例如，

包边包角板主要用于遮盖墙体边缘，不仅提升视觉效果，还提供额外保护；泛水板则是用于屋顶与墙体交接部位的重要防水构件，有效阻挡水渗入建筑内部；屋脊盖板安装于屋顶最高点，兼具防水功能与装饰作用，为整体结构增添实用与美观并重的价值。

总之，无论是压型金属板、保温夹芯板还是各种辅助性的金属构件，它们都是现代建筑不可或缺的重要组成部分。通过不断的技术革新和优化设计，这些材料正在为创建更加舒适、安全且可持续发展的居住和工作空间做出贡献。

二、围护构件加工要点

(一) 材料选择与质量控制

1. 材料选择

围护构件所用材料的选择直接关系到其耐久性和性能表现。常见材料包括钢材、铝合金和新型复合材料。其中，钢材以其高强度、易加工和经济性等优势广泛应用于建筑围护系统。根据具体使用环境和设计需求，可选择不同等级的钢材，如 Q235 或 Q345，以满足强度和稳定性的要求。在选材过程中，应优先选择符合国家标准及行业规范的高质量材料，以提高构件的性能和可靠性。

2. 质量控制

对材料质量的严格把控是确保围护构件加工效果的基础。在材料进场环节，需进行全面检验，包括外观检查、尺寸测量及材质证明文件的核查。外观检查应确保材料表面无裂纹、锈蚀或油污等缺陷；尺寸测量则需验证材料规格是否符合设计标准，以避免加工中因尺寸误差导致问题；此外，还需核对材料的材质证明，确保其化学成分和力学性能符合相关规范要求，从源头上保障加工质量的稳定性。

(二) 加工精度与工艺要求

1. 加工精度

围护构件的加工精度直接决定其后期安装的契合度及整体功能表现。加工过程中，每一道工序的精度都需严格把控，以保证尺寸、角度和形状达到设计标准。对于需要焊接的部件，焊接坡口的设计应合理，以便形成牢固的焊缝连接。此外，选择高精度的加工设备并定期维护至关重要，能从根本上减少因设备问题造成的误差，提升加工质量。

2. 工艺要求

围护构件的加工需根据具体的设计目标来确定工艺流程，通常涉及切割、弯曲、钻孔和抛光等步骤。在切割环节，应匹配适当的设备和工艺参数，确保切割面整齐光滑且无毛刺；弯曲时需要根据材料特性和预设半径进行调整，以防止材料表面出现裂纹或过度变形；钻孔时，孔径和孔距应符合图纸要求，同时孔壁应保持平滑完好；在抛光阶段，应对构件表面进行充分处理，使其具备优良的质感与视觉效果，满足使用需求与美观要求的双重标准。

（三）焊接与连接技术

1. 焊接技术

焊接是围护构件加工中应用广泛的连接方法，其工艺选择直接影响构件的性能与可靠性。在焊接过程中，应根据钢材的化学成分和力学性能选择适宜的焊条，同时针对不同焊接位置（如平焊、立焊、横焊等）采用相应的焊接工艺。在焊接开始前，需对焊缝区域进行清洁处理，去除表面氧化物和油污等杂质，以提升焊接质量。焊接过程中，应合理控制焊接参数，包括电流、电压和焊接速度，以形成均匀无缺陷的焊缝，满足设计要求的连接强度。

2. 连接技术

围护构件加工除了焊接，还经常使用螺栓连接和铆接等方式。螺栓连接具有安装便捷、易于拆卸的特点，适用于需要维护或更换的构件；铆接则以其高强度和抗腐蚀性能，适用于在恶劣环境中长期使用的构件。在选择连接方式时，应根据设计要求和使用环境进行具体评估。对于螺栓连接，应合理设计螺栓的规格、数量及布置方式，以达到结构稳定的目标；铆接时，需匹配适当的铆钉与工艺方法，使连接更牢固可靠，适应长期使用需求。

（四）表面处理与涂装

1. 表面处理

围护构件的表面处理旨在有效防止氧化、腐蚀等外界因素的侵害，同时增强其表面的耐用性与美观效果。常用的表面处理工艺包括清洁、除锈以及防腐处理等。清洁步骤的关键在于清除构件表面的油污、尘土等杂质；除锈工艺则需彻底清除表面的锈蚀层；防腐处理可以采用热浸镀锌、喷涂等方式，以显著提升构件的抗腐蚀能力。具体的防腐工艺选择需依据构件所处环境以及设计要求进行科学决策。

2. 涂装

涂装作为围护构件加工中不可或缺的一环，不仅能强化其抗腐蚀性能，还能显著提升外观品质。涂装流程通常分为底漆、中间漆和面漆三个阶段。底漆的作用在于增强涂层与构件表面的黏附性；中间漆旨在增加涂层厚度并延长其使用寿命；面漆则主要用于改善外观效果并对涂层形成额外保护。涂料的选用需综合考虑构件的环境条件、耐候性能需求以及客户的具体要求，常见的涂料有聚氨酯和氟碳等。在涂装作业中，应精准把控涂料用量、工艺操作以及作业环境（例如温湿度等），以保障涂层质量达到设计规范。

（五）加工过程中的质量控制与检验

在围护构件的加工过程中，质量管控与检测环节对最终品质起着至关重要的作用。在加工完成后，需要对构件进行系统的质量检测，包括但不限于外观状态检查、尺寸精度校验及性能评估等内容。外观检测需排查表面是否存在裂纹、锈迹或其他污损；尺寸校验要求严格比对实际数据与设计参数的符合度；性能评估则重点测试构件的力学特性及抗腐蚀能力，确保其满足技术规范。对于不达标的产品，必须立即采取返工修复或废弃处置，杜绝流入下一阶段或施工环节的可能。

第四节　内装部品的生产

一、内装部品的概念与特点

内装部品是建筑内部装饰与装修中不可或缺的核心部分，涵盖地板、墙面、天花板、门窗以及厨卫设施等多个方面。在装配式钢结构建筑中，内装部品不仅承担着提升建筑视觉效果和居住舒适性的任务，同时也是确保建筑结构安全性和耐久性的关键因素。

内装部品的设计与制造通常遵循标准化与模块化的理念。标准化设计能够有效提升部品生产过程中的质量稳定性，同时降低制造与施工成本，为大规模生产提供可能。模块化设计则注重灵活性，使部品能够根据不同空间布局和功能需求进行自由组合，大幅提升施工现场的安装效率，满足多样化的个性需求。

在装配式钢结构建筑中，内装部品安装的便捷性尤为突出。由于部品在工厂内完成预制，现场仅需简单组装和调试，不仅大幅缩短施工周期，还减少了湿作业对环境的影响，契合绿色建筑的理念。同时，这种方式降低了施工中不可控因素的影响，提高了整体施工质量与效率。材料的选择与创新在内装部品中同样备受重视。随着技术的进步，环保材料和节能材料逐渐成为主流。这些新型材料的应用，不仅增强了部品的功能性，也使得建筑更加符合环保和节能的需求。此外，智能化技术的融入正在成为内装部品发展的新趋势，智能家居设备的集成为使用者提供更便捷、舒适的生活体验。

内装部品的标准化、模块化与高效安装的特性为装配式钢结构建筑的施工带来了显著的优势，推动了建筑施工效率的提升与绿色化发展。在此基础上，未来内装部品还需面对质量提升、工艺优化及技术创新的多重挑战，这些努力将进一步支持装配式钢结构建筑在建筑领域的广泛应用，助力行业迈向高效、环保和可持续发展的新时代。

二、生产方式与生产流程

装配式钢结构内装部品的生产体系以高精度工厂制造和高效现场装配为核心。在工厂内，部品通过现代化流水线完成精密加工，统一的标准使得部品具备尺寸准确、性能优良的特点。这种预制生产方式借助严格的质量管理机制，使得产品质量得以稳定并适应大规模工业化需求，为后续安装环节奠定了基础。

当部品被运输到施工现场后，装配环节则集中于依照设计图纸实施的精确安装。

专业化团队和高效的施工设备共同确保了部品能够快速定位，形成符合设计要求的室内空间布局。这一阶段的高效实施不仅缩短了整体施工周期，也提升了建筑内部的功能性和美观度。

从整体流程来看，内装部品的生产链条涵盖设计、制造、运输与安装四个主要环节。设计过程中需综合考量功能适配性、空间协调性以及视觉效果，确保部品能够满足建筑需求。制造阶段通过严格执行高标准工艺，保证每一件产品优质出厂。运输环节需要专业化包装保护措施，避免部品在物流过程中出现损坏。安装阶段则依赖科学的施工方案与熟练的技术团队，确保部品安装位置准确并具备理想效果。

贯穿生产全流程的质量管控至关重要。从材料采购到最终成品出厂，每一个环节都需要严谨的监控措施来保证产品性能。先进的检测技术与设备能够实时发现问题并加以解决，使得出厂的内装部品无论在外观还是功能上都能符合规范要求。

随着科技的深入应用，内装部品的生产模式正在逐步智能化。智能制造系统的引入提高了工艺的精细度，同时显著降低了生产成本。而通过 BIM 技术对建筑进行三维信息建模，不仅能优化设计阶段的匹配性，还为施工及安装环节提供了高效支持。

整体来看，内装部品的生产方式与流程是一套复杂的集成系统。通过优化技术手段与工艺流程，可以持续提升产品质量与生产效率，为装配式钢结构建筑的推广和发展提供了坚实的技术支撑。

三、装配式钢结构内装部品的生产工艺

（一）生产工艺流程

装配式钢结构内装部品的生产涵盖多个环节，包括材料准备、加工制造、表面处理、质量检测以及包装运输，每一步都对最终产品的性能和质量至关重要。

1. 材料准备

生产的第一步是挑选优质的原材料，如钢材、木材和塑料等。材料的性能直接决定了部品的耐用性与功能性，因此需要严格筛选，并通过质量检验，确保其符合强度、环保性和稳定性等要求。在完成选材后，还需对材料进行切割和初步加工，为后续步骤奠定基础。

2. 加工制造

加工阶段是整个生产流程的核心。在这一环节，材料通过切割、钻孔、焊接等工艺被逐步加工成部件。先进的数控设备可确保尺寸精度，而娴熟的焊接技术则保障了部件连接的可靠性。通过精细操作，每一件部品都能达到预期的设计要求，为后续使用提供保障。

3. 表面处理

表面处理旨在提升部品的耐久性与外观质量。这一环节采用喷涂、电镀或特殊涂层技术，以提高防腐、防潮及防火性能，延长使用寿命。此外，这些处理还能够增加

视觉美感，满足建筑的整体装饰需求。

4. 质量检测

从材料入库、加工环节到最终成品出厂，各个阶段都需严格检测，以确保产品达到设计标准和安全要求。通过多层次的检查机制，及时发现并解决潜在问题，从而提高产品合格率。

5. 包装运输

合理的包装设计和固定方式可有效降低运输风险。同时，科学规划运输的路线与方式，以确保部品按时、安全地交付到施工现场。

（二）生产工艺的优化

为进一步提升装配式钢结构内装部品的生产效率与品质，对生产工艺的系统优化势在必行。这种优化应贯穿整个流程，从材料准备到最终组装调试，每个环节都需深入改进，以确保效率与质量双提升。

1. 加强原材料质量管理

优化生产的基础在于严格管控原材料的质量。建立完善的供应商管理体系，筛选信誉良好、资质合规的材料供应商，并定期对其进行评估，确保提供的钢材、木材和塑料符合国家标准及设计需求。针对入库原材料，应实施全面检验，杜绝不合格材料流入生产环节，从源头保障产品的稳定性与可靠性。

2. 升级加工制造技术

在加工制造环节，引入智能化和自动化设备是提升效率与精度的关键。利用先进数控机床和机器人技术对材料进行精准加工，减少人为误差并降低劳动强度。同时，通过优化工艺流程，合理安排各生产工序，消除冗余操作与资源浪费，从而实现高效有序的生产。

3. 创新表面处理技术

表面处理不仅影响部品的外观，还决定其耐久性和安全性。针对不同材料，研发并应用防腐、防火和耐磨等技术，提升产品在多种环境下的稳定性。同时，推动环保型涂料与材料的应用，实现绿色生产目标。这些创新措施不仅延长部品使用寿命，还符合低碳环保理念。

4. 优化组装调试流程

为确保内装部品在施工现场的高效安装与调试，需制定科学详尽的操作规程。通过设计易操作的组装方案和提供技术支持，可以提升施工现场的组装精度与速度。此外，加强售后服务体系建设，确保现场调试过程中出现的问题能够迅速解决，进一步提升用户体验。

四、装配式钢结构内装部品的质量控制

（一）质量控制的重要性

质量控制在装配式钢结构内装部品生产中的作用不可替代，其价值体现在多个关键层面。

1. 确保产品安全

安全性是建筑行业的核心要求，而内装部品作为建筑整体的一部分，其质量直接关系到使用安全。通过严格监管每一个生产环节，包括原材料选择、制造工艺和最终检验，可以保证部品的结构强度、防火性能以及其他安全指标满足甚至超出行业标准，从根本上降低安全风险。

2. 提升耐久性

内装部品需在多种环境条件下长期稳定使用，这对其耐久性提出了更高的要求。通过加强对材料特性的筛选、改进加工工艺以及优化表面处理技术，产品能够在抗腐蚀、抗磨损和抗老化性能方面表现优异，从而延长使用寿命，减少更换频率，为建筑提供更加可靠的保障。

3. 优化居住体验

内装部品的质量对建筑内部空间的舒适度有直接影响。例如，优质的隔音板能减少外部噪声干扰，而高效的隔热材料能提升室内环境的恒温效果。这些特性不仅提高了建筑使用者的生活质量，也为建筑增加了更高的附加值。

4. 建立客户信任

高质量的内装部品是赢得客户信赖的重要基础。严格的质量控制体系不仅能够提升客户对产品的满意度，还能增强其对企业的信任。客户的积极反馈和信任将为企业带来更多市场机会和更强的竞争力，形成良性循环。

质量控制贯穿于装配式钢结构内装部品生产的每一个环节。从原材料筛选到生产工艺改进，再到最终产品检测，始终需要以高标准为指导。持续优化质量管理方法，不仅能够生产出高品质的部品，还将助力企业在建筑行业中获得更稳固的发展地位。

（二）质量控制的方法

在装配式钢结构内装部品生产中，质量控制贯穿始终，是保障产品优质与安全的核心环节。通过科学有效的质量管理手段，从原材料筛选到成品检验，每个步骤都需要精细规划与严格落实，以确保产品满足性能和美观的双重要求。

1. 原材料筛选与检测

在材料入库前，应对其进行全面的检测与评估。钢材需检测强度、韧性和耐腐蚀性能；木材则需评估其含水率、纹理均匀度及承重能力；塑料材料则需测试其抗高低温性能和抗老化能力。只有符合设计标准的原材料才能投入使用，从源头上为生产质

量奠定基础。

2. 加工过程精细化管理

在切割环节，需保障切割边缘的平整与尺寸的准确；焊接工艺需确保焊缝的牢固与整齐，避免出现裂纹或气孔等缺陷；涂装工艺则需实现涂层的均匀覆盖和优异的耐久性能。此外，定期对加工设备进行校准与维护，能有效避免因设备误差而导致的质量问题。

3. 成品质量全面检验

通过承重测试、防火测试及抗震测试等专业评估，可以验证部品在复杂使用条件下的稳定性。同时，成品的外观质量也需严格检查，保证其美观与细节处理符合客户期待。

4. 建立完善的质量管理体系

通过制定明确的质量标准、优化检验流程以及建立专业的质量管理团队，企业能够实现对生产全过程的高效监控。同时，引入第三方检测机构定期进行抽检，不仅提升了质量评估的客观性，也能进一步增强客户对产品的信任度。

装配式钢结构内装部品的质量控制是一项系统工程，需要贯穿生产的各个环节并辅以全面的管理措施。通过严把原材料关口、优化加工工艺、完善检验流程和建立科学的质量管理机制，企业才能生产出高品质的内装部品，为客户提供安全、舒适的使用体验。

（三）质量控制的实践

在装配式钢结构内装部品的生产过程中，质量控制不仅是理论构想，更是实践操作的重中之重。以下是对质量控制实践中的几个核心方面的详细探讨：

1. 建立一套完善的质量管理体系至关重要

这一体系需全面覆盖从原材料采购直至最终产品交付的每一个生产环节，确保每一步都设定有清晰明确的质量标准与控制措施。具体而言，在原材料采购阶段，企业应建立严格的供应商筛选与评估机制，定期对供应商进行资质审核，以保障原材料的质量稳定可靠。生产过程中，各道工序需制定详尽的操作规范与检验标准，确保产品在每一生产阶段均能满足既定的质量要求。

2. 员工是质量控制的关键因素

企业应定期组织员工进行质量意识与操作技能的培训，确保员工充分理解并严格遵循质量管理体系的各项要求。通过系统培训，员工能够熟练掌握生产技能，有效减少人为因素导致的质量问题。同时，企业还应构建激励机制，鼓励员工积极参与质量改进活动，提出创新的质量控制方法，以持续提升产品质量。

3. 质量检测和监控是保障产品质量的重要手段

企业应配备先进的检测设备和专业的检测团队，对生产过程中的关键环节实施实时监控与抽检。一旦发现质量问题，应立即采取措施予以纠正，并深入分析问题产生的原因，防止类似问题再次发生。此外，企业还应定期对产品质量进行全面评估与总结，以便及时发现潜在问题并进行针对性改进。

4. 与客户的沟通与反馈在质量控制实践中占据重要地位

企业应建立高效的客户反馈机制，及时收集并处理客户对产品的意见和建议。这些反馈信息不仅能够帮助企业发现产品在使用过程中存在的问题，还能为企业提供改进产品质量的宝贵思路与方向。通过持续改进产品和服务水平，企业能够赢得客户的信任，从而在激烈的市场竞争中占据优势地位。

质量控制在装配式钢结构内装部品生产中扮演着核心角色，通过构建完善的质量管理体系、强化员工技能培训和生产环节监控，以及注重客户反馈与需求分析，企业能够全面提升产品品质和服务水平。借助先进检测设备和科学管理方法，确保每道工序的质量可控，同时将客户的实际使用体验融入改进流程，进一步优化产品设计与性能。这种全方位的质量控制实践，不仅助力企业实现高效生产，还为其在市场竞争中奠定了长期发展的坚实基础。

第五章 装配式钢结构建筑的安装模块施工

第一节 施工现场布置

一、施工场地布置原则

①根据施工阶段的实际需求，科学合理地划分施工区域和场地。在规划过程中，需充分考虑现有道路交通的畅通性，确保施工堆场的布局合理，以满足材料运输的便捷性。同时，应尽量减少材料的二次运输，以提高施工效率。

②施工区域的划分需严格遵循施工流程的要求，以减少对各专业工种及其他方面施工的干扰。通过合理的规划，确保施工活动的有序进行，避免施工过程中的冲突和延误。

③施工区域与生活办公区应明确分隔，以保障施工生产的顺利进行。同时，各种生产设施的布置需便于施工生产的安排，并满足安全防火、劳动保护等要求。通过科学的布局，为施工人员提供一个安全、舒适的工作环境。

④为满足交叉施工的需求，施工区域的划分应尽量减少对各专业工种的干扰。各种生产设施需便于工人的生产和生活需要，同时确保满足安全防火、劳动保护等要求。通过合理的规划，提高施工效率，保障施工质量。

⑤在施工过程中，需严格遵守总体施工环境的要求，进行封闭施工。通过采取有效的措施，避免或减少对周围环境和市政设施的影响。同时，应加强对施工环境的监控和管理，确保施工活动的合规性和可持续性。

二、施工场地布置内容

（一）施工道路的布置

1. 施工场地出入口设计

施工场地出入口直接连通进场道路，是主要运输车辆的通行口。该出入口配备了专用的洗车槽，以满足车辆清洁需求。出入口道路进行了地面硬化处理，宽度为6m，厚度为20cm，采用C20混凝土铺设。在硬化过程中，道路进行了2%的找坡设计，以确保良好的排水性能。此外，道路两侧还设置了排水沟，以进一步保障排水顺畅。

2. 施工便道规划

施工场地内的便道沿基坑环状布置，距离基坑边缘3m处铺设。便道宽度为4.2m，厚度为 20cm,同样采用 C20 混凝土铺设。在路基施工过程中,采用了振动式压路机进行压实,并铺垫碎石以增强地基稳定性,再进行地面硬化。施工便道的设计确保了货车等运输工具的通行畅通无阻。

3. 排水沟设置

沿施工场地便道两侧布置了两条砖砌排水沟。排水沟的坡度设计为 3‰,以确保场地内积水能够及时排出。此外,在场地内还设置了沉淀池,用于处理施工废水。经过沉淀处理后的废水方可排入市政管网,以防止施工废水对周边环境造成污染。

4. 明沟布局

在施工现场和生活区内设置盖板明沟。这些明沟不仅起到了排水作用,还确保了施工现场和生活区的整洁与安全。通过合理的布局和设计,盖板明沟有效地满足了施工现场的排水需求,并为施工人员提供了一个良好的工作环境。

(二)围挡的布置

1. 现场围挡

根据文明施工的要求及建设方的规范,施工场地需设置高度超过 2m 的施工围墙,以混凝土空心砌块为材料构建,与外界形成有效隔离。围墙类型包括金属彩钢板墙和砖砌墙,具体如下:

(1)双色金属彩钢板墙

围墙整体高度为 2m,采用蓝色与白色金属彩钢板交替组合。从大门边的第二块白色板开始,每隔五块蓝色板设置一块白色板,在白色板中央安装尺寸为 0.5m×0.5m 的板块。围墙每 3m 设置一根立柱,立柱通过膨胀螺栓固定,并在施工前用混凝土预先浇筑基础。围墙顶部使用塑钢压条封边,立柱间距为 3m,同时采用三角支架加强稳定性,支架底部用膨胀螺栓固定于地面。

(2)砖砌墙

砖砌墙高 2m、宽 240mm,页岩砖砌筑,下面砌筑钢筋圈梁。每间隔 5m 设置一个立柱。内外抹水泥砂浆刷白,其中围墙上端 0.2m 高。

2. 基坑周边防护设置

①对于开挖深度超过 2m 的基坑,其周边必须安装防护栏杆。防护栏杆的高度应不低于 1.2m,并需设置醒目的警示牌,以提醒施工人员及过往人员注意安全。

②防护栏杆由横杆和立杆构成。横杆应设置三道,分别位于上、中、下三个位置。其中,下杆离地高度应控制在 0.1m 左右,中间杆离地高度约为 0.7m,上杆离地高度则达到 1.2m。立杆的间距不宜超过 2m,且立杆与坡边的距离应保持在 0.5m 以上,以确保防护栏杆的稳定性和安全性。

③为了进一步提升防护效果,防护栏杆上宜加挂密目安全网和挡脚板。安全网应自上而下进行封闭设置,以防止物体从高处坠落。挡脚板的高度应不低于 180mm,且

其下沿离地高度不应超过 10mm，以防止杂物堆积或人员踩踏。

④基坑的临边应设置排水沟和集水坑，以有效排除基坑内的积水。排水沟的沟底宽度不宜小于 0.3m，坡度不宜小于 0.1％，以确保排水顺畅。集水坑的宽度不宜小于 0.6m，间距不宜大于 30m，且其底面与排水沟沟底的高度差应保持在 0.5m 以上，以便于积水的集中收集和排放。

3. 临时用水布置

（1）施工现场给水管道布置方案

依据施工现场的实际用水量及布局情况，给水管道的主干管沿四周进行环通布置。主干管材质选用 PVC 管，而支管则统一采用直径为 25mm 的镀锌管。鉴于给水管道易受冻害，故将其埋入地下 0.8m 深处，并在水管上方及基坑四周设置阀门，以便于控制与维护。

（2）施工现场消防布置规划

结合现场的实际情况及消防规范要求，消防管道与施工用水管道实行分路布置。消防管道沿地下室四周便道进行环通设置，并配备消防栓，确保消防安全。其中，消防用水主干管选用直径为 100mm 的镀锌水管，支管则选用直径为 50mm 的镀锌水管，以满足消防用水的需求。

（3）生活区消防及生活用水布置设计

在生活区内，生活用水与消防用水的布置需根据生活区的实际布局及住宿人员数量进行合理规划。生活用水给水管道采用 PVC 管，而消防用水则采用直径为 50mm 的镀锌水管。消防栓的布置需严格按照消防规范执行，以确保生活区的消防安全。

（4）检查井布置要求

检查井设计为深度 1.1m、直径为 1m 的砖砌圆形结构。在砌筑过程中，如需进行收口处理，四面收进时每次收进不应超过 30mm，三面收进时每次收进不应超过 50mm。砌筑完成后，检查井的内壁需采用原浆进行勾缝处理。在有抹面要求的情况下，内壁抹面应分层压实，外壁则使用砂浆进行搓缝并压实。当砖砌检查井砌筑至规定高程后，需及时浇筑或安装井圈，并盖好井盖，以确保检查井的正常使用及安全。

4. 其他平面布置

（1）垃圾池构建

垃圾池分为建筑垃圾池和生活垃圾池，均采用普通粘土砖进行砌筑。垃圾池表面需进行 20mm 厚的抹灰处理，整体尺寸为高度 2.4m、宽度 3m、长度 4m。垃圾池的支承基础直接建造在已经硬化的地面上，以确保其稳定性和耐用性。

（2）洗车池设计

洗车池设置在施工围挡内部，其长度为 9.0m，宽度为 3.5m。洗车池中央的原土需进行挖掘，挖掘深度为 30cm。洗车槽底部至泄水池之间需设置排水管，采用 PVC 管材料，并向泄水池（即沉淀池）方向设置 1‰ 的坡度。泄水池的截面尺寸为 1m×1m，挖掘深度为 1.1m。泄水池内部采用 240mm 厚的砖墙进行衬砌，砖墙顶部需浇筑 20cm 厚的 C20 混凝土。此外，沉淀池顶部需覆盖钢板，以防止杂物落入。

（3）消防水池配置

生产与消防可共同使用一个消防水池，该水池的高度为 1.6m，长度为 5m，宽度也为 5m。供水设备采用高压潜水泵，扬程为 160m，一用一备，以确保供水的稳定性和可靠性。同时，采用不小于 2t 的压力罐进行储水，以满足消防用水的需求。

（4）门卫亭设立

在工地大门处设立门卫室，采用成品活动岗亭作为门卫亭，以便于管理和监控工地的出入情况。

第二节　基础施工

一、土方开挖施工

土方开挖是工程初期以至施工过程中的关键工序。土方开挖施工一般包括：土方开挖施工准备、基坑排水、测量放样、边坡安全检测等内容。开挖前应根据地质水文资料，结合现场附近建筑物情况，决定开挖方案，并做好防水排水工作。

（一）土方开挖施工准备工作

1. 定位桩核准与标记

在基槽开挖前，需对场内所有建筑物的定位桩进行全面测量核准，确保其准确无误。同时，对场边道路及场内的临时设施进行定位标记，以便后续观测与记录。

2. 开挖准备与测量标记

依据施工图纸和支护方案，明确基槽开挖的放坡坡度，并精确放出开挖白灰线。此外，将基槽开挖范围内的所有轴线桩和水准点引测至施工活动区域以外，并采用红漆进行清晰标记，以避免土方施工过程中机械作业对测量桩造成碰压或损坏。

3. 测量桩与红线点复核

所有测量桩、红线点经核实无误后，需指派专人负责对其进行定期检查与复核。此举旨在确保红线点的准确性，为土方开挖施工提供精准可靠的定位依据，保障施工质量和安全。

（二）基坑开挖方法

测量放线→基坑排水→分段分层均匀下挖→修边和清底→坡道收尾。

1. 基坑排水

在基坑底部设置由截水沟和集水井组成的排水系统，同时在基坑顶部和底部设置 C15 混凝土制成的地面排水沟，用于收集雨水及施工废水。排水沟两侧地面需采用不低于 C10 混凝土硬化处理，以提高排水效率和耐用性。根据现场条件，每隔 10～20m 设置一个地表集水井，以便快速引流和排放废水。排水沟边缘需与坡脚保持至少 0.2m 的距离，集水井的尺寸和布局根据实际需求调整。在开挖过程中，应设置临时盲沟，并每隔 15m 设置一个集水井，用于排除地下水和坑内积水，同时配备潜水泵，使基坑内的水流及时排出，避免施工受积水影响。

2. 分段分层均匀下挖

按照施工图纸对基坑边线和边坡线进行精确定位，并以石灰线标示开挖范围。在开挖时，优先移除表层渣土，再进行土方挖掘。施工中需严格按照设计的 1∶0.5 放坡系数作业，以符合边坡稳定性要求。在每层土方开挖完成后，需等待水泥砂浆护壁达到设计强度的 70%，方可继续下一层开挖，保障边坡稳固。

3. 修边和清底

基坑开挖过程中需同步进行边坡修整，保证坡度符合 1∶0.5 的设计要求。在基坑完全开挖后，需对边坡和坑底进行人工修整，清除土块、碎石等杂物，达到基坑底部平整、清洁的施工条件。

4. 坡道土方收尾

在坡道区域进行土方收尾时，采用两台挖土机交替作业，边挖边运输，保持施工现场畅通。土方清理后应立即运离基坑周边，避免在边坡附近超载堆放，以降低对基坑稳定性的影响，同时规范施工现场管理。

（三）边坡安全监测

1. 监测点布设及监测频率

在基坑周围及邻近建筑物上取 10 个固定监测点，做好标记并保护起来，以防在基坑开挖及后期施工中丢失或损坏。监测点之间的距离不大于 20m。在开挖过程中实施实时监测，监测频率为 4 小时一次。开挖完成后每天监测不少于 1 次，雨天和雨后增加监测频率，每天不少于 3 次。

2. 监测内容

①基坑顶的水平位移和垂直位移监测。
②地表开裂状态的观测与记录，包括位置与裂缝宽度。
③周边设施（建筑物、道路、管线）的变形情况监测。
④基坑渗水和漏水现象的观察。
⑤基坑周边可能危及支护安全的水源情况，包括生产和生活排水以及上下水管道的影响。

3. 监测报警值

①根据设计要求，边坡水平和垂直位移的报警值为50mm。

②邻近建筑物的监测报警值依照《建筑基坑工程监测技术规范》设定：建筑沉降小于3mm，裂缝宽度小于3mm，倾斜小于3‰；地表裂缝宽度小于20mm，管线位移小于30mm，基坑内起降小于40mm。

③渗水速率保持平稳，无流沙、管涌、隆起或塌陷现象出现。

4. 土方开挖注意事项

①基坑开挖不得低于设计标高。

②施工时应尽量避免扰动基土。

③当挖掘深度范围内出现地下水，应依据当地工程地质资料采取措施，将水位降至开挖面以下至少0.5m后再进行作业。

④若开挖后无法立即回填或浇筑垫层，应预留一层保护土；如发生超挖，需使用与底板相同标号的混凝土或合适的垫层材料填补。

⑤挖运土方时需保护定位桩、轴线引桩及水准点，并定期复测其状态。基坑挖掘完成后，及时实施安全防护措施。

二、降水井施工

降水井是一种用于降低地下水位的施工措施，主要适用于地下水位较高的施工环境，是土方工程和地基基础施工中的关键技术手段。通过降水井的使用，可以有效降低基土含水量，促使土体固结，提高地基承载力，同时减小土坡的侧向位移和沉降，增强边坡的稳定性。降水井还能消除流砂现象，减少基底土体的隆起，使天然地下水位以下的地基施工免受水体干扰，从而提升工程质量，保障施工的顺利与安全。

（一）降水井结构

1. 井口保护

井口需高出地面0.3m以上，并采取防护措施，施工期间应避免损坏，同时防止地表杂物掉入井内。

2. 井壁管材

井壁管选用直径300mm的PVC波纹管，保证强度和耐久性。

3. 滤器设置

滤器外包三层60目尼龙网布，并用18♯铁丝按100mm间距进行螺旋缠绕，以提升过滤效果。

4. 砂砾填充

地面以下区域围填砂砾作为过滤层，底部填充0.8m的碎石料，以增强排水性能。

5. 粘土封孔

为避免地表水渗入并保证降水效果，需在砾料填充层以上使用优质粘土围填至地表并夯实，同时做好井口管外的封闭处理，确保密封性。

（二）降水井施工流程

1. 井点测量定位

根据井位平面布置图进行测量和定位，确保井点位置符合设计要求。如施工现场存在障碍或条件受限，可结合实际情况进行调整，保证施工顺利进行。

2. 埋设护口管

护口管底部插入原状土层，管外填实粘性土以封闭严密，防止施工过程中出现返浆现象。护口管顶部需高出地面 0.1～0.3m，以维持施工过程中的稳定性。

3. 安装钻机

稳固安装钻机，保持水平状态，并调整设备，使大钩、转盘与孔中心三点在同一直线上，为钻进操作做好准备。

4. 钻进成孔

按设计要求进行钻孔，孔径 800mm，深度达到设计标高并超钻 0.3～0.5m。钻孔过程中，泥浆密度应控制在 1.10～1.15，防止孔壁坍塌，钻机水平需保持稳定，保证孔的垂直度。

5. 清孔换浆

钻至含水层顶板时开始用清水调浆，以减少泥皮厚度。在完成钻进后，将钻杆提至距孔底 0.5m 的位置，进行冲孔清杂，同时调节泥浆密度至接近 1.05，确保孔底沉淤厚度小于 30cm，直至泥浆中无杂质。

6. 吊放井管

将井管缓慢吊放入孔中，保持井管垂直并对准设计位置，避免偏移。

7. 填充砾石过滤层

在井管周围填充砂砾作为过滤层，底部填充碎石料，以提高排水效果并增强稳定性。

8. 洗井

对井管及砾石层进行冲洗，直至排水清澈无杂质，保证过滤层功能正常。

9. 安装抽水泵

安装抽水设备，调整抽水泵的位置与深度，确保设备能够正常运行。

10. 试抽水

进行试抽水操作，观测水位下降情况及设备运行状态，验证降水井功能是否符合施工要求。

11. 降水井正常工作

降水井进入正常运行阶段，持续降低地下水位，以满足施工需要。

12. 降水完毕封井

降水作业完成后，对井口进行封闭，回填粘土或其他合适材料，将地面恢复至初始状态。

（三）降水井运行施工

一口井施工完成后需立即投入运行，迅速降低地下潜水水位，以满足基坑开挖需求。

1. 试运行准备

在试运行前，应测量井口和地面的标高及静止水位，获取基准数据。随后启动试运行，检查抽水设备及抽排水系统的运行情况，评估其是否达到降水设计要求。

2. 设备检查与安装

安装前需对水泵及其控制系统进行全面检查，包括电动机的旋转方向、各部件螺栓的紧固情况、润滑油的充注状态，以及电缆接头封口是否松动或电缆是否有破损等。完成检查后，在地面空转 1 分钟左右，确认无异常后方可安装使用。潜水电动机、电缆及接头需保持良好绝缘，每台泵应配备独立控制开关。安装后进行试抽水，试运行符合要求后转入正常工作状态。

3. 降水运行管理

降水运行期间实行 24 小时值班制，由值班人员负责实时监控设备运行情况。详细记录井口水位、抽水量及设备运行数据，确保记录准确全面，为后续运行管理和分析提供可靠依据。

三、护坡桩施工

护坡桩又称"排桩"，就是沿基坑边设置的防止边坡坍塌的桩，通常是在边坡放坡有效宽度工作面不够的情况下采用的措施。护坡桩可以防止临近的原有工程基础位移、下沉。

（一）施工准备工作

1. 技术准备

①根据工程需要加密现场的平面和高程控制点，并且加以保护。

②对现场及周围市政设施、地下管网等作详尽调查。

③施工前根据地质勘察报告对各施工部位地段进行详细的了解。

2. 施工场地准备

①确保焊制钢筋笼、排浆、照明等施工用电。

②现场分设两个直径 50mm 的出水管头保证施工用水。

③施工场地平整，地耐力达到 10t/m²，满足大型设备施工要求。

(二) 土钉墙施工技术要求

1. 土钉成孔

使用洛阳铲进行成孔，孔位可根据现场实际情况进行调整，成孔角度在遇到障碍物时适当改变，以满足施工要求并保证孔位精度。

2. 土钉制作

在土钉上每隔 2m 焊接对中支架，形成锥形滑橇，便于顺利插入土体。土钉插入深度不得低于设计要求，并需保持居中放置，避免出现偏心现象，提高抗拔性能。

3. 压力注浆

土钉插入孔后进行压力注浆，注浆压力达到 0.5MPa 并持续 5 分钟，使水泥浆充分渗入土体孔隙。为避免浆液外泄，在孔口设置止浆塞以保证注浆饱满。

4. 坑边修坡

挖土过程中需及时修整侧壁，保证坡面垂直度符合施工要求，同时保持边坡稳定，避免坍塌风险。

5. 钢筋网片施工

在修整好的坡面上绑扎钢筋网片，网片通过短钢筋固定于坡面，按上下左右方向根对根搭接绑扎，且不少于两点焊接。通过 L 型锚头与压筋，将网片与土钉端部连接形成整体。

6. 喷射混凝土施工

使用混凝土喷射机对坡面喷射面层豆石混凝土，喷射气压为 2～5kg/cm²。喷射时喷头与喷面保持垂直，喷射完成后混凝土终凝 2 小时后进行养护，养护时间为 1～3 天。

(三) 护坡桩施工技术要求

在施工护坡桩时拟采用振捣插筋钻孔压灌桩，具体按如下方法施工：

1. 钻孔施工

根据土层实际情况调整钻进速度，钻至设计深度，达到桩长和桩径的施工要求。

2. 管路清洗

在首盘混凝土灌注前用清水或水泥砂浆清洗管路，清除杂质，保持管路畅通。

3. 钢筋笼制作要求

钢筋笼严格按照图纸制作，主筋采用双面搭接焊接。主筋弯曲后集中于笼中心线，内套中 16 箍筋并点焊牢固。钢筋笼上端 1/3 位置焊接两道中 16 环形加强箍筋作为起吊和下放时的吊点，以增强稳定性。

4. 钢筋笼安装

钻杆提出孔口后，立即用钻机吊钩吊放钢筋笼。在中 16 加强箍筋的吊点位置，用长钢丝绳对称穿过两点，使钢筋笼保持垂直状态，避免变形或偏移。

5. 混凝土浇筑

混凝土需连续进行浇筑。灌注时，混凝土通过钻杆匀速进入，同时提钻，钻头刃尖始终埋在混凝土内，防止断桩。施工过程中定时检查泵管密封性，避免漏浆影响浇筑效果。

四、喷锚施工

(一) 锚杆结构与作用

锚杆由钢管、注浆体和防腐构造组成，主要通过锚固体与土体间的摩擦力、拉杆与锚固体的握裹力以及锚杆本身的强度共同作用，抵抗土体的剪切荷载。锚杆施工后，基坑边坡土体的受力状态得以改善，基坑坑壁位移显著减小，从而有效维护结构的稳定性。锚杆将拉力传递到稳定土层，防止基坑四周土体产生位移趋势，进一步提升施工安全。

(二) 锚杆施工工艺流程

1. 分层开挖土方

按设计要求分层逐步开挖基坑土方，为后续锚杆施工提供空间。

2. 修整坡面

对开挖后的坡面进行修整，保证坡面平整且符合设计坡度要求，为锚杆施工提供稳定的作业面。

3. 测定锚杆位置

根据设计图纸测量并标记锚杆的具体位置，确保锚杆分布均匀、合理。

4. 锚杆钻机就位

将钻机稳固就位，调整角度和位置，使其对准锚杆钻孔点。

5. 钻进成孔

按设计角度和深度钻进成孔，形成锚杆安装所需的钻孔。

6. 锚孔灌浆

将水泥浆注入锚孔内，通过压力注浆技术确保浆体均匀分布，填满孔隙以提高锚杆的握裹力和摩擦力。

7. 铺设钢筋网片

在坡面上铺设钢筋网片，并将网片固定于坡面短钢筋上，形成整体支护结构。

8. 钢筋与锚杆焊接

将钢筋网片与锚杆端部焊接牢固,使锚杆和网片共同作用,形成稳定的支护体系。

9. 喷射细石混凝土

使用混凝土喷射机对坡面喷射细石混凝土,压实网片与坡面间的缝隙,增强边坡的整体稳定性和耐久性。

10. 设置泄水管

在坡面适当位置设置泄水管,便于排出边坡积水,避免因水压力过大导致边坡失稳。

11. 重复工序至设计深度

按照以上工序逐层施工,直至达到设计要求的基坑深度。

五、筏板、独立基础施工

(一) 独立基础概述

独立基础也称单独基础,常用于框架结构或单层排架结构的建筑基础。其形式多样,包括圆柱形、矩形、多边形等,通常以单个承重柱为支点,将上部结构荷载直接传递至地基。这种基础适合地基条件较好且荷载分布相对均匀的场地,施工工艺相对简便。

(二) 筏板基础概述

筏板基础通过联系梁将柱下独立基础或条形基础连为整体,再在其下方浇筑一层整体底板,形成大面积支撑结构。该形式适用于地基承载力不均匀或软弱地基条件,能够有效分散荷载并减小不均匀沉降的风险。

(三) 筏板基础构造形式

1. 平板式筏板基础

由整体混凝土板构成,直接铺设在地基表面。这种结构简单,施工方便,广泛应用于高层建筑,特别是在地基相对软弱或沉降控制要求较高的场地。

2. 梁板式筏板基础

由梁和底板共同构成,梁设置在底板之下或其内部,与柱及其他基础形成整体。该形式适合荷载较大的建筑,通过梁分散荷载,增强基础整体刚度和地基适应性。

(四) 筏板与独立基础施工要点

1. 独立基础

独立基础施工需按设计图纸精准放线,并严格控制基础尺寸和标高。在基础底板浇筑前,应对地基进行平整和夯实处理,确保承载力符合设计要求。混凝土浇筑完成后需加强养护,避免开裂和强度不足。

2. 筏板基础

筏板基础施工需先完成联系梁的钢筋绑扎与模板支设，并检查钢筋位置与保护层厚度。整体底板浇筑时，应连续作业，避免出现施工冷缝。浇筑后及时覆盖并洒水养护，以保证混凝土的强度和整体性。

六、地下室外墙施工

（一）钢筋绑扎

钢筋绑扎是地下室外墙施工的关键环节，需严格按照设计图纸和规范要求进行操作。其流程包括弹线定位、绑扎钢筋、垫块设置和钢筋修整等步骤。

1. 绑扎定位横纵钢筋

根据施工图弹出钢筋边线，先绑扎 2～4 根竖筋并划出分档标识。在竖筋下部绑两根横筋，并在横筋上划出分档标识。之后按顺序绑扎其余竖筋，再绑扎剩余的横筋，确保横纵钢筋定位准确。

2. 锚固水平钢筋端部

剪力墙水平钢筋端部需按设计要求进行锚固，与柱连接时，水平钢筋需锚固至柱内，锚固长度符合设计或规范规定。所有钢筋弯钩方向朝向混凝土内，以保证结构强度和安全性。

3. 绑扎垫块

垫块的厚度按照设计要求设置，并按 800～1000mm 的间距以梅花形摆放，与外层钢筋绑扎牢固，确保钢筋保护层厚度均匀。

4. 修整钢筋

模板支模后，对伸出墙体的钢筋进行修整，保证钢筋位置及形状符合要求。在混凝土浇筑过程中，安排专人看护钢筋，防止位移。混凝土浇筑完成后，立即对伸出的钢筋进行修整，保持施工质量和外观规范。

（二）单侧支架模板

1. 单侧支架的组成

单侧支架由埋件系统和架体两部分组成。

（1）埋件系统

埋件系统包括地脚螺栓、外连杆、连接螺母和压梁。该系统通过三角形的直角平面将模板固定在预定位置。混凝土浇筑时，模板承受来自混凝土的侧压力和推力，而埋件系统固定在底板混凝土中，与模板形成 45°的夹角，抵消混凝土的侧压力和模板的向上推力。

（2）架体部分

三角形架体通过埋件系统固定，直角部位与埋件系统紧密结合，防止架体发生后移或变形，从而确保模板稳固。模板在浇筑混凝土时承受的力通过架体传递到埋件系统，使支架稳定承载混凝土的侧压力。

2. 支架高度与施工质量

施工中常采用最高支架高度为 3.6m 的单侧支架。在浇筑混凝土时，为避免接茬部分出现漏浆，可在浇筑底板时提前浇筑 300mm 高的导墙，提供支模导向，同时确保单侧支模施工质量。

2. 模板及支架安装

（1）预埋部分安装

①按照设计图纸将预埋件（如地脚螺栓、连接件等）固定于指定位置。

②确保预埋件安装牢固，位置准确，为后续模板和支架安装提供可靠支撑。

（2）模板及单侧支架安装

①模板安装时，采用单侧支架固定，支架由埋件系统和三角形架体组成。

②埋件系统通过地脚螺栓、外连杆和压梁将模板与支架连接，并通过架体的直角平面抵抗混凝土侧压力，模板稳固后完成固定。

③安装完成后，检查模板接缝，避免漏浆现象。在底板施工时可预浇 300mm 高的导墙，以提高模板安装质量。

（3）模板及支架拆除

①混凝土达到设计强度的 70% 以上后开始拆除模板和支架。

②拆模时注意保护混凝土表面，避免损坏墙体结构，同时清理模板和支架，为后续施工做好准备。

（三）混凝土浇筑

1. 洒水浇湿模板

在浇筑混凝土之前，用水充分润湿模板，以减少混凝土与模板的粘结，便于后期脱模，同时避免因模板吸水影响混凝土表面质量。

2. 施工缝处理

对施工缝进行处理，清理杂质和浮浆，并根据要求涂刷界面剂或铺设止水带，保证新旧混凝土的良好结合。

3. 剪力墙混凝土循环往复浇筑

剪力墙混凝土采用分层循环浇筑的方法，每层厚度控制在设计规定范围内，浇筑时保持连续性，避免出现施工冷缝。

4. 接浆处理

浇筑到接缝部位时，用手提式振动器对混凝土进行充分振捣，避免产生气泡和空隙，同时严格控制振动时间和范围，保证接缝质量。

5. 墙体混凝土养护

浇筑完成后，及时覆盖洒水养护，保持混凝土表面湿润，养护时间不少于设计规定天数，确保混凝土强度和表面质量符合要求。

(四) 地下室剪力墙防水施工

1. 基层处理

清理剪力墙基层表面的灰尘、油污和杂物，使墙面达到平整、干燥的状态。对不平整部位使用水泥砂浆修补，并打磨至符合施工要求的平滑状态。

2. 防水特殊部位加强处理

针对阴阳角、施工缝、穿墙管道等重点部位，采用附加层卷材或涂刷防水涂料，进行加强处理，提升这些区域的防水性能，减少漏水风险。

3. 隐蔽工程验收

在大面积铺贴卷材前，完成隐蔽工程验收，检查基层质量及特殊部位处理是否符合设计和规范要求，经检验合格后方可继续施工。

4. 大面积铺贴卷材

按设计要求进行大面积防水卷材的铺贴，确保卷材铺设平整，搭接宽度符合规范，接缝部位粘结牢固，不留空鼓。

5. 检查校验

防水施工完成后，进行全面检查，特别是搭接缝和加强部位，发现问题及时修补，确保防水层完整性与施工质量达到要求。

七、地下室框架柱施工

(一) 钢筋绑扎

1. 套柱箍筋

将预制好的箍筋依次套入竖向受力钢筋，并调整到设计位置的高度。

2. 绑扎竖向受力筋

按照施工图纸，将竖向受力筋排列在柱箍筋内，并固定，使竖筋分布均匀且符合设计要求。

3. 画箍筋间距线

根据设计间距要求，在竖向受力筋上标记箍筋的间距线，以便后续绑扎时达到规范间距。

4. 绑扎柱箍筋

按间距线逐一绑扎箍筋，固定在竖向受力筋上，使箍筋与竖筋结合紧密，符合设计要求。

5. 垫块绑扎

按设计要求,将垫块以适当间距绑扎在柱箍筋外侧,用以控制保护层厚度,保证钢筋笼定位准确,满足施工规范。

(二) 地下室框架柱模板

1. 弹线

根据施工图纸,在柱基面弹出模板边线和定位线,为模板安装提供基准。

2. 安装定位撑杆

根据弹线位置,设置定位撑杆,初步固定模板安装位置,防止模板偏移。

3. 安装柱模板

按设计要求逐一拼装柱模板,模板之间连接紧密,接缝处用防漏浆条密封,避免混凝土漏浆现象。

4. 安装柱箍

在模板外设置柱箍,按照设计间距布置均匀,增强模板的稳定性和整体刚度。

5. 安装拉杆或斜撑

在模板外侧安装拉杆或斜撑,通过调整确保模板垂直,并使模板在受力时均匀分布荷载,防止变形或移位。

6. 校验清理

对安装完成的模板进行校验,检查边线、标高和垂直度是否符合设计要求,同时清理模板内部杂物,为浇筑混凝土做好准备。

(三) 混凝土浇筑

1. 作业准备

检查模板、钢筋、预埋件的安装情况,清理模板内杂物,润湿模板表面。检查混凝土输送设备是否正常,并准备充足的施工用水、振捣工具和养护材料。

2. 混凝土浇筑

按设计要求分层浇筑混凝土,每层厚度控制在规范范围内。浇筑过程中保持连续作业,避免出现冷缝。混凝土需均匀布料,不得集中堆积或倾斜过度。

3. 混凝土振捣

使用振捣棒对浇筑的混凝土分层振捣,振捣时插入深度适当,覆盖上一层混凝土的振捣区域,避免漏振或过振现象,保证混凝土密实。

4. 拆模、养护

混凝土达到拆模强度后，按规范要求拆除模板。拆模后立即进行养护，采取洒水覆盖或涂刷养护剂等措施，保持混凝土湿润状态，养护时间不少于设计要求，以确保强度和质量达到标准。

第三节　钢结构安装施工

一、钢结构安装施工交底与检查

(一) 安装施工交底

在钢结构安装前，需进行现场安装交底，内容包括：

①工程概况描述。简要说明工程的基本信息、特点及关键环节。

②工程量统计。全面统计安装所需的钢构件及相关工程量，为后续施工准备提供数据支持。

③施工机具与方法选择。根据工程特点，选择合适的施工机具，并确定科学合理的施工方法。

④安装顺序编排。合理安排安装步骤和流程，避免工序间的干扰，提高施工效率。

⑤主要技术措施拟订。详细制定安装关键环节的技术方案，明确操作要求。

⑥质量与安全尺度制定。明确安装质量标准和安全操作规范，确保施工过程的稳定与安全。

⑦计划编制。制订工程进度表、劳动力安排计划及材料供给计划，为安装过程提供指导。

(二) 安装施工前的检查

施工前应对以下内容进行严格检查：

①钢构件验收。根据施工图纸和规范要求，对钢构件进行验收，包括设计图纸、修改文件、钢材及辅助材料的质保单或试验报告、高强螺栓摩擦系数测试报告和构件清单等技术文件。

②机具与丈量工具检修。对吊装机械、钢丝绳、工具及其他配件进行检修，确保其性能可靠。

③基础复测。对钢混凝土基座（基础、柱顶、牛腿柱等）进行复测，检查其位置、标高及强度是否符合要求。复测结果及整改要求需及时提交给基座施工单位，以完成必要的调整和修正。

二、施工测量

准备工作完成后，进行施工测量。测量是建筑工程质量保证的基本因素之一，准确、周密的测量工作关系到工程是否能按图施工，而且还给施工质量提供重要的技术保证，为质量检查等工作提供方法和手段。对于钢框架结构形式，主体施工时的钢结构定位、测量对整个工程至关重要。

（一）施工前准备

1. 测量设备的检验及校正

在施工测量中使用的经纬仪、水准仪和全站仪等设备，需在使用前进行检验和校正，并取得计量部门出具的有效检定证明，确保测量结果的准确性。

2. 制定测量放线方案

根据设计图纸和施工方案的具体要求，制定合理、可行的测量放线方案，包括测量方法、操作步骤及关键点控制，以保证放线工作的高效和精准。

（二）控制网布设的概念与原则

1. 控制网布设

控制网是施工测量的基础框架，用于在施工现场确定建筑物的空间位置和各项构造物的几何参数。通过布设控制网，可以为后续测量放线提供统一的基准和依据。控制网可分为平面控制网和高程控制网，分别用于水平位置和垂直标高的精确控制。

2. 控制网布设原则

①稳定性。控制点应选在地基稳定、不易被破坏的位置，避免施工干扰对测量基准的影响。

②精度要求。控制网的精度需满足施工设计规范，根据工程规模和复杂程度选择合适的布网级别。

③均匀性。控制点布设应均匀分布，便于覆盖施工范围，减少因距离过远而导致的误差。

④可扩展性。控制网的布设应为后续测量工作提供便利，并具备扩展和调整的灵活性。

3. 控制点保护

①标识清晰。控制点应有明确的标志和编号，便于识别和使用。

②设置保护装置。在控制点周围设置保护措施，如加装防护桩或围栏，防止施工活动对控制点的破坏。

③定期检查。在施工过程中，对控制点的完整性和稳定性进行定期检查，发现问题及时修复，确保测量基准的持续有效性。

（三）轴线控制内容

1. 计算控制点坐标

根据设计图纸的坐标体系，计算各控制点的准确坐标，包括平面坐标和高程数据，为后续测量放线提供数据依据。坐标计算需严格按照工程测量规范进行，确保其精确性。

2. 自然平面上测设平面位置

在施工场地的自然平面上，根据计算得到的控制点坐标，利用经纬仪或全站仪进行平面位置的测设。测设时，应以场地范围内的主控点为基准，将建筑物的主要轴线精确标定在地面。

3. 基坑垫层上测设平面位置

基坑开挖完成后，在基坑垫层上重新测设建筑物的平面位置，将轴线标定到垫层表面。测设过程中需使用高精度测量设备，确保轴线位置与设计图纸完全吻合，同时设置固定标志以便后续施工使用。

4. 高层测设平面位置

在高层建筑施工中，通过在建筑结构的楼层表面投测轴线位置，平面位置从地面逐层传递至建筑上部。可采用激光投测或经纬仪传递的方法，严格控制轴线偏差，保持建筑整体的几何精度。

(四) 标高控制

1. 标高基准点的设置

在现场选取土质坚硬、稳定且不易受干扰的安全区域埋设标高基准点。基准点设置后，应采取安全保护措施，如砖砌围护或使用钢管固定，以避免施工过程中损坏。

2. 基准点标高传递

基准点埋设完成后，使用水准仪按照国家二等水准测量精度要求，从建设方指定的等级水准点进行往返测量，将高程数据引测到标高基准点。埋设完成后的基准点需定期检测高程，保证数据准确并满足施工需要。

3. 基坑标高传递

基坑内标高由临时水准点进行控制，临时水准点的高程通过地面标高控制点传递至坑内。传递过程中，使用水准仪进行测量，确保坑内标高符合施工设计要求。

4. 楼层标高传递

楼层标高的传递通过沿结构边柱、电梯井或预留传递孔向上进行。为便于不同楼层的标高校核，应至少设置三个传递点进行标高引测。在楼层抄平时，通过两条后视水平线进行校核，确保传递标高的准确性和一致性。

三、地脚锚栓的安装

钢结构基础地脚锚栓预埋是钢结构安装过程的重要环节，预埋的准确性直接影响钢结构安装的质量。为保证地脚锚栓预埋的准确性，要提前检查各地脚锚栓安装材料的质量、规格、尺寸等是否符合设计要求，并在安装过程中准确定位各安装构件，随时安装，随时测量。

（一）施工准备

1.图纸审核与锚栓确认

为提高施工质量并缩短工期，应对设计图纸进行详细审核，明确各部位所需的锚栓型号，检查锚栓的安装位置与基础柱内钢筋是否存在交叉情况，并排查其他可能的施工矛盾。

2.锚栓和定位钢板加工

根据设计要求完成锚栓和定位钢板的加工，确定锚栓的相对位置和标高。混凝土浇筑等环节需安排专人负责操作，如发现锚栓移位应立即调整，并在每道工序完成后进行检查，确保各环节施工无误。

3.定位钢板验收

定位钢板进场后，逐一检查其孔位和孔径，凡不符合设计要求的钢板不得使用，确保施工材料的合规性和质量。

4.夜间施工安排

夜间施工需配备充足的照明设施，合理安排施工顺序，避免因光线不足导致操作失误。对已进入场地的锚栓进行妥善保护，防止在施工中受损或移位。

（二）操作工艺

1.确定预埋锚栓型号

按设计和规范要求检查锚栓丝扣均匀性、螺纹长度、规格及数量。地脚锚栓托板和加劲板采用人工电弧焊焊接，焊缝需饱满、均匀，无焊瘤和气孔，焊缝尺寸符合设计要求。锚栓进场后由材料员和质检员验收，合格后分类码放整齐并做好标识。

2.锚栓定位与轴线、标高确定

根据施工图纸，在承台及扩展基础处进行轴线放线定位，确定水平位置和标高。在承台及扩展基础模板上画出锚栓十字中心线，用钢管搭建支架固定锚栓组，并通过模板标记调整定位钢板位置和标高。

3.定位模板就位

埋设地脚锚栓时使用定位模板加强固定，防止浇筑混凝土时移位。将定位板放置于钢管支架上，使模板十字丝与标志对齐，初步固定后进行检查，必要时通过经纬仪调整模板位置。

4.安装锚栓组

将地脚锚栓插入定位模板预留孔，用螺帽固定螺杆上下，校核锚栓组尺寸并调节标高一致。定位模板安装后，再用螺母固定锚栓顶部，确保稳定性。

5. 地脚锚栓的固定

①用短钢筋焊接锚栓下部，形成整体。

②锚栓固定后，将撑脚与承台及基础钢筋网架焊接，防止施工时移位。

③完成位置调试后将定位模板与基础模板点焊固定，并用经纬仪检查位置精度。

④控制地脚锚栓顶端标高，满足设计要求。

6. 混凝土浇筑

符合尺寸精度要求后，开始浇筑混凝土。浇筑前用油覆盖锚栓丝扣并包裹塑料胶带以防污染。在锚栓组附近振捣混凝土时，避免碰撞锚栓。随时跟踪测量锚栓偏差，发现问题及时调整，直至达到规范要求。浇筑完成后，用层板盖住螺帽，保护锚栓丝扣。

7. 地脚锚栓复测

在钢柱吊装前，对预埋锚栓的轴线间距进行核查和验收。对不符合规范的，需协商处理；对弯曲变形的锚栓进行校正；对损伤丝扣的锚栓用钣牙修复，并对所有锚栓进行保护。

8. 锚栓防护

对已安装完成的锚栓进行妥善保护，包括避免外力损伤和环境腐蚀，确保锚栓的长久使用性能和连接稳定性。

四、钢柱吊装

钢柱吊装在地脚锚栓安装完成后进行。先要检查钢柱的定位及标高等信息是否准确，确认符合设计图纸要求后，再对钢柱进行吊装。吊装点要考虑吊装方便、稳定可靠等因素，避免起吊时在地面拖拉造成地面和钢柱的损伤。根据现场塔吊布置情况，将钢柱根据塔吊的吊重情况进行分节，将最远端、最重的钢柱按照楼层划分为每层一节，每节钢柱顶端高出楼面 1～1.3m，便于两节钢柱对接、焊接作业。

(一) 施工前准备

1. 主要机具

(1) 垫木

垫木是一种用于增加局部支承受压面积的木条或木块，其功能是将上部荷载均匀分布到支承体。垫木在构件堆叠过程中起到重要作用，通过使用垫木，可使构件堆放平整，并将荷载均匀传递至下方支撑体，从而有效避免地基因受力不均而产生沉降问题。

(2) 扭矩扳手

扭矩扳手是一种用于高强螺栓连接的工具，按动力源可分为电动力矩扳手、气动力矩扳手、液压力矩扳手和手动力矩扳手。其主要用途是调节并控制螺栓的紧固力矩，保证连接的可靠性。使用方法为先调节扭矩值，再进行螺栓紧固。定扭矩电动扳手因操作简便、省时省力且扭矩可调而广泛应用于施工中。

（3）撬棍

撬棍是一种用于构件调整的工具。在构件相互挤压时，通过使用撬棍可以将挤压的构件撬松后进行卸载，从而避免因错误操作导致构件倒塌或掉落引发事故。撬棍的使用对提高施工过程的安全性和效率具有重要作用。

2. 作业条件

（1）构件检查与修整

对进场构件的外形几何尺寸、制孔、组装、焊接和摩擦面进行详细检查，发现损坏或变形的构件需进行矫正或重新加工，确保符合设计要求。

（2）构件数量核对与堆放

根据构件明细表核对进场构件的数量，按安装顺序成套供应，并进行分类堆放。刚度较大的构件采用垫木水平堆放，叠放时确保垫木在同一垂直线上，以保障堆放的稳定性和构件完好。

（3）钢柱起吊准备

在钢柱起吊前，将吊索、操作平台、爬梯、溜绳以及防坠器等固定在钢柱上，为后续工序的操作人员提供安全的施工条件。

（4）标高调整

按照室外设计标高，利用水准仪对基础底部进行找平处理，使用 M10 砂浆调整标高，使基础表面达到安装要求。

（5）场地整理

清理吊装范围内的障碍物，平整场地，修筑临时起重吊车道路，确保工程起吊和运输的顺畅，为施工提供良好的作业环境。

（二）钢柱吊装工艺流程

1. 轴线定位放线

使用经纬仪或全站仪将建筑物的轴线和柱定位点准确放线至基础顶部，确保柱的安装位置符合设计要求。在基础上标注清晰的轴线和标高点是钢柱安装的基准。

2. 吊点与垫木的设置

根据钢柱的长度和重量确定吊点位置，通常设置在重心或两端以保持吊装时的平衡。在柱底部放置垫木，用于防止柱底直接接触地面造成损坏，同时便于吊装操作。

3. 吊装方法

根据现场条件选择适当的吊装方法：

①单机吊装。适用于重量较轻或高度较低的钢柱，吊装时合理设置吊点，保持柱体垂直平稳。

②双机抬吊。适用于重量较大或长度较长的钢柱，两台吊车分工合作，分别控制吊柱的两端，协调吊装。

③翻转吊装。对于需要竖立的钢柱，通过吊车将水平钢柱缓慢翻转至垂直状态后吊起安装。

4. 临时固定

钢柱吊装到位后，用临时支撑或拉索将其固定在设计位置，防止因风力或其他外力造成柱体移位或倾斜。在确保柱体稳定后，再进行螺栓连接或焊接操作，为后续安装奠定基础。

五、钢梁吊装

钢梁在钢柱吊装完成经调整固定于基础上后，即可吊装。钢梁安装主要采用塔吊吊装的方式，可根据构件吊装分区进行，参考安装顺序图，按照先主梁后次梁，先下层后上层的安装顺序进行吊装。

(一) 施工准备

1. 材料准备

对所有进场构件进行尺寸复核，确保符合设计图纸要求。焊条、油漆、防火涂料等材料的规格和型号需与设计相符，并提供质量证明文件，符合国家相关标准。

2. 作业条件

①场地准备：场地已完成平整，确保运输构件的车辆能够顺利进场作业。

②施工平面布置：划分材料堆放区和拼装区，合理布置施工现场，确保构件按吊装顺序进场摆放，便于作业衔接。

③构件堆放：分类堆放构件，刚度较大的构件需采用垫木水平堆放，多层叠放时，垫木必须在一条垂线上。钢梁采用立放方式，紧靠立柱并绑扎牢固，以保障堆放稳定性和施工安全。

(二) 施工工艺流程

1. 施工准备

对吊装设备进行检查，确保吊车、吊索、焊接设备处于良好状态。核对钢梁的型号、尺寸及数量，确认吊装方案、作业计划与现场条件满足施工要求。

2. 测量放线

使用全站仪或经纬仪对安装位置进行轴线定位和标高放线，在支座位置标记钢梁中心线，提供安装基准。

3. 钢梁试吊

吊装前进行试吊，确认钢梁的吊点、平衡性和吊索连接是否合理，调整吊装方案，确保吊装过程平稳顺畅。

4. 钢梁安装

按照设计位置将钢梁吊至指定位置，缓慢放置到支座上。通过拉索、临时支撑等固定钢梁，防止倾斜或位移。

5. 测量校正

钢梁就位后，使用测量仪器对钢梁的中心线、标高及水平度进行校正，调整至符合设计要求。

6. 焊接

校正完成后，按照设计图纸的焊接要求进行钢梁与支座的连接操作。焊接过程中，严格控制焊接顺序和焊缝质量。

7. 检查验收

焊接完成后，对钢梁的位置、焊缝质量及整体结构进行全面检查。确保钢梁安装达到规范要求后，完成验收并记录。

六、钢结构安装校正

（一）影响钢柱安装精确度的各类因素

1. 影响垂直度的因素

钢柱安装后可能因多种原因导致垂直度偏差超出允许范围，这些原因包括：

（1）安装误差

在钢柱安装过程中，定位不准确或固定不到位可能引起柱体倾斜，造成垂直度偏差。

（2）焊接变形

焊接过程中因热胀冷缩效应可能导致钢柱受力不均，引发局部变形，从而影响整体垂直度。

（3）日照温差

钢柱受日照影响，因温差效应产生热胀冷缩变化，可能导致柱体倾斜或弯曲，特别是在高温环境下更加明显。

（4）缆风绳松紧不当

缆风绳用于临时固定钢柱，若其张力调整不当，可能导致钢柱受力不均，从而出现倾斜或晃动，影响安装精度。

2. 影响标高的因素

钢柱安装后可能出现高度或相对位置标高超差的情况，导致各柱的总高度或牛腿处的标高偏差不一致。其主要原因包括：

（1）基础标高不正确或产生偏差

基础施工中标高控制不精确，或基础施工后因沉降、翘曲等原因引发标高偏差，从而影响钢柱安装的准确性。

（2）钢柱制作阶段的长度尺寸存在超差

钢柱在加工制作时，长度尺寸未严格控制，超出设计允许偏差范围，导致安装后标高不一致。

（3）对基础标高调整不当

在安装前或安装过程中，对基础标高进行调整时操作不规范或调整不足，未能修正基础原有的标高偏差，最终影响钢柱标高精度。

（二）钢柱校正施工

1. 观测与初步调整

使用两台经纬仪分别从柱的纵轴、横轴方向观测，柱底通过千斤顶进行调整，柱顶部通过缆风绳和手拉葫芦调整位置。调整完成后，固定柱脚，并将缆风绳牢固栓紧。

2. 安装完成后的测量与校正

钢框架结构安装后，根据上节钢柱截面尺寸，用角钢、钢板及圆钢制作仪器固定架，并将其环箍在焊接完成的下节钢柱柱头上。测量仪器架设于固定支架上，同时在楼层钢梁上用脚手钢管搭设操作平台，测量人员站在平台上进行测量和校正作业。

3. 接头对位校正

校正钢柱接头对位时，需确保钢柱中心线对齐，且扭转偏差控制在小于 3mm 的范围内。

4. 首节钢柱与上节钢柱标高调整

首节钢柱的标高主要依赖于基础埋件标高的准确性，安装前需对柱底标高进行严格测量，并通过基础锚栓上的钢板调整至设计高度。安装上节钢柱时，通过水准仪复测柱顶标高，确认无误后栓紧缆风绳，并指挥吊车缓慢落钩完成安装。

七、高强螺栓施工

螺栓连接是钢结构安装中常用的连接方式，分为普通螺栓连接和高强螺栓连接两种。采用高强螺栓连接时，施工前需对钢结构构件的连接面进行检查，清理浮锈、飞刺和油污等杂物。构件吊装后，先用临时螺栓进行固定，在满足作业条件（如天气、安全要求）后拆除临时螺栓，正式安装高强螺栓。高强螺栓的初拧与终拧需在同一天完成，施工结束后进行检验，对不合格螺栓及时更换，确保连接质量符合要求。

（一）施工前准备

1. 材料检查

①核对高强螺栓的规格、型号和数量是否符合设计要求，检查出厂合格证和质量

检验报告。

②检查螺栓表面是否存在锈蚀、毛刺或螺纹损坏，必要时对螺纹部分进行润滑处理，保证施工顺利进行。

③按规格分类存放螺栓、螺母和垫圈，并做好标识以避免混用。

2. 作业条件

①连接面处理。对钢构件的连接面进行清理，去除浮锈、油污及其他杂物，使摩擦面符合高强螺栓连接要求。

②施工环境。清理作业区域，必要时搭设临时脚手架或操作平台，为施工提供良好的作业条件。

③工具设备。检查扭矩扳手等工具是否正常工作，并调试至符合高强螺栓拧紧力矩的标准。

④天气条件。在适合施工的天气下进行作业，避免大风、降水等可能影响施工的情况。

（二）高强螺栓施工过程

高强螺栓穿入方向以设计要求为准，并尽可能便于施工操作。框架周围的螺栓穿向结构内侧，框架内侧的螺栓沿规定方向穿入，同一节点的高强螺栓穿入方向需一致。各楼层高强螺栓竖直方向拧紧顺序为先上层梁，后下层梁。对于同一层梁来讲，先拧主梁高强螺栓，后拧次梁高强螺栓。对于同一个节点的高强螺栓，顺序为从中心向四周扩散。

1. 安装冲钉

①钢构件安装时，先使用冲钉暂时固定连接板，将钢构件调整到设计位置，使孔洞对齐。

②冲钉布置均匀，按规范要求预留螺栓孔，避免连接板移位，为后续螺栓安装提供基础。

2. 高强螺栓安装

①在连接孔中依次插入高强螺栓，将螺母旋入后手动初步拧紧。

②按设计要求配置螺母和垫圈，垫圈应放置在螺母与构件之间，以提升摩擦面连接性能。

③安装后检查每个螺栓、螺母和垫圈的位置是否正确，避免出现遗漏或安装错误。

3. 高强螺栓初拧和终拧

①初拧时，使用扭矩扳手按照设计要求的力矩值依次拧紧螺栓，顺序从连接板的中心向两侧推进，避免应力集中。

②完成初拧后，进行终拧作业，进一步增加螺栓的紧固力，确保达到设计规范的连接强度要求。

八、钢结构安装焊接

钢结构焊接是钢结构构件安装连接的方法之一，是在被连接金属件之间的缝隙区域，通过高温使被连接金属与填充金属熔融结合，冷却后形成牢固连接的工艺过程。一般焊接工艺有气体保护焊、埋弧自动焊和手动电弧焊等。

(一) 施工前准备

1. 材料准备

①按设计要求准备焊条、焊丝、焊剂等焊接材料，检查其规格、型号是否符合规范，并确认质量合格。

②焊接材料应存放于干燥、防潮的专用仓库，使用前对焊条和焊剂进行必要的烘干处理，防止焊接时受潮，影响质量。

2. 作业条件

①施工区域应平整清洁，使焊接工作顺利进行。

②搭设稳固的脚手架或操作平台，提供安全的焊接环境。

③施工设备如焊机、割炬及辅助工具需经过检修和调试，确保性能稳定且适合焊接作业。

④作业前应检查施工现场的通风、防火及照明设施，特别是在封闭或半封闭环境中，焊接操作要符合安全规范。

3. 坡口检查

①对焊接坡口的形状和尺寸进行检查，确认坡口的角度、间隙及加工质量是否符合设计要求和焊接规范。

②清除坡口表面的油污、锈斑及杂质，确保焊接面干净、平整。

③在焊接前进行试拼装，检查焊缝间隙和对接处的贴合度，对不符合要求的坡口及时修整，以达到焊接工艺标准。

(二) 焊接施工

钢结构多层建筑的焊接方法多采用 CO_2 保护焊，手工电弧焊则一般用作焊缝打底。在钢结构的现场安装中，柱与柱的连接用横坡口焊，柱与梁的连接用平坡口焊；焊接母材厚度不大于 20mm 时采用手工焊，焊接母材厚度大于 20mm 时采用 CO_2 气体保护焊。

1. 柱与柱的焊接顺序

在柱与柱焊接中，应遵循从下至上的施工原则，保证焊接的稳定性和结构受力的均匀性。焊接时先固定对接焊缝，随后分段焊接，使焊缝保持连续，避免因热应力引起的变形。

2. 梁柱焊接顺序

梁与柱的焊接需要优先固定主梁，再进行次梁焊接，顺序由内向外展开。焊接过程中，应特别注意节点部位的强度和完整性，避免产生裂纹。必要时，应在焊接前进行局部预热处理。

3. 钢板剪力墙焊接施工顺序

钢板剪力墙的焊接一般从墙板中央开始，逐步向外扩展，以减少焊接变形的累积。焊接过程中要按照设计要求分层施焊，保证焊缝的饱满度和强度，同时注意焊接残余应力的释放。

4. 点焊技术要点

点焊施工中，应保证焊接压力、焊接电流及焊接时间的精确控制，以确保焊点的均匀性和强度。焊接时应保持焊接表面的清洁，避免氧化物或污垢影响焊接质量。此外，应对焊接部位进行适当冷却，防止热影响区性能下降。

九、现场油漆补刷施工

（一）涂装前准备

1. 油漆刷的选择

①根据涂刷部位和油漆类型选择合适的油漆刷。对于大面积平整表面，选择宽而软的刷子；对于边角和复杂结构，选择小而细的刷子，以确保涂装均匀。

②检查刷子的毛质，避免使用毛刷脱毛严重或硬度不符的工具，以免影响涂刷效果。

2. 作业条件

①确保施工区域通风良好，并清理作业面附近的杂物，避免灰尘和异物影响涂装质量。

②对构件表面进行清理，去除浮土、锈斑、焊渣、油污等杂质，并进行必要的除锈处理，使表面清洁平整。

③确保天气条件适宜，避免在潮湿或温差较大的环境下施工，防止油漆附着力受影响。

④准备必要的防护设备，如手套、口罩和护目镜，保障施工人员的安全。

（二）油漆补刷施工

1. 表面清理

在补刷前，对钢结构表面进行清理，去除浮尘、锈斑、焊渣和油污等杂质，必要时进行打磨处理，使表面光滑整洁，为涂装提供良好基础。

2. 防锈漆涂装

选用适合的防锈漆，均匀涂刷至构件表面，做到涂满、不漏刷，避免厚薄不均。

防锈漆干燥后，对表面缺陷部位用腻子填补并刮平，使表面达到设计要求。

3. 底漆施工

为提升油漆的附着力，在清理后的构件表面涂刷一层底漆。底漆应选用与防锈漆和面漆配套的产品，并根据施工规范涂刷均匀。

4. 面漆涂装

按照设计要求进行面漆的补刷施工，分遍完成，确保每遍涂刷均匀、色泽一致。面漆施工完成后，进行干燥养护，避免因环境影响造成涂层损伤。

5. 验收与修整

补刷施工完成后，对涂装表面进行检查，修整遗漏或不均匀区域，确保整体涂层达到规范标准。

十、现场熔焊栓钉

栓钉焊是指将栓钉焊接于金属构件表面上的焊接方法，包括直接将栓钉焊接于钢结构构件表面的非穿透焊接和穿过构件上覆盖的薄钢板焊于构件表面上的穿透焊接。常见的方法有拉弧式栓钉焊接与电弧焊。以下主要以拉弧式栓钉焊接作为代表进行详细的工艺解读。

拉弧式栓钉焊接是将夹持好的栓钉置于瓷环内部，通过焊枪或焊接机头的提升机将栓钉提升起弧，经过一定时间的电弧燃烧，通过外力将栓钉顶送插入熔池实现栓钉焊接的方法。

（一）材料和设备

1. 材料

①栓钉。按照设计要求选择适宜的规格和型号，表面应无锈蚀和污染，附带出厂合格证和相关质量检验报告。

②母材。与栓钉焊接的钢构件需符合设计及规范要求，焊接部位应清理干净，去除油污、锈斑和氧化层。

③焊接辅材。包括焊剂、防飞溅剂等，确保与栓钉和母材兼容，满足施工要求。

2. 设备

①焊接设备。采用栓钉焊接专用设备，如栓钉焊机，设备功能需适配栓钉规格并保持性能稳定。

②焊枪。配套使用的栓钉焊枪应灵敏可靠，确保焊接过程中电弧稳定，焊接效果良好。

③电源设备。提供适合焊接设备的稳定电源，电缆连接可靠，符合安全规范。

④辅助工具。包括卡钳、钢尺、清理工具等，用于焊接前的准备和焊接过程中的辅助操作。

（二）焊前准备

1. 焊接材料与设备的检查

检查栓钉的规格、型号及数量是否符合设计要求，并确认栓钉表面无锈蚀、污染。对焊接设备进行全面检查，包括焊机、焊枪和电缆的连接是否正常，确保设备功能稳定。

2. 现场试焊

在正式焊接前，进行现场试焊，通过试焊验证焊接工艺参数（电流、电压、时间等）的正确性，同时观察焊接质量，确认符合施工规范后，再进行大规模焊接。

3. 除锌处理

对母材焊接部位进行清理，去除锈迹、油污及镀锌层等杂质，避免影响焊接质量。对于镀锌母材，可使用打磨或化学方法除锌，确保焊接面清洁。

4. 确定栓钉位置

根据设计图纸定位栓钉位置，使用标记工具准确标注在母材表面。检查栓钉间距和排列是否符合设计要求，并确保定位过程无遗漏或偏差，为后续焊接操作奠定基础。

（三）栓钉焊接施工

①把栓钉放在焊枪的夹持装置中，把相应直径的保护瓷环置于母材上，把栓钉插入瓷环内并与母材接触。

②按动电源开关，栓钉自动提升，激发电弧。

③焊接电流增大，使栓钉端部和母材局部表面熔化。

④设定的电弧燃烧试件到达后，将栓钉自动压入母材。

⑤切断电流，熔化金属凝固，并使焊枪保持不动。

⑥冷却后，栓钉端部表面形成均匀的环状焊缝余高，敲碎并清除保护环。

十一、防火涂料施工

（一）防火涂料施工工艺

防火涂料的涂装是通过不同的施工方法、工具和设备，将涂料均匀地覆盖在被保护物表面的一种技术。涂装的质量对涂膜的性能有直接影响。根据被保护物的特性及防火涂料的种类，应选择适宜的涂装方法和设备，以达到最佳的涂膜效果。不同基材需要搭配不同的涂料和施工工艺，才能充分发挥防火涂料的隔热、耐火性能，实现预期的保护效果。

1. 刮涂法

使用刮刀将防火涂料均匀涂覆在钢结构表面，适用于平整的构件和小面积施工。刮涂过程中需控制涂层厚度，使表面平整，无明显痕迹。

2. 辊涂法

使用滚筒蘸取防火涂料，在钢构件表面来回滚动，均匀涂抹，适合大面积施工。辊涂法施工效率高，适用于表面较为平滑的钢结构，但对边角和细节部位需配合刷涂补充。

3. 刷涂法

用刷子蘸取适量防火涂料，均匀涂刷在钢结构表面。刷涂法灵活性强，适用于复杂构件、边角及小面积施工，可对其他工艺难以覆盖的部位进行细致处理。

4. 喷涂法

使用喷涂设备将防火涂料均匀喷洒在钢构件表面，适合大面积、高效率的施工场景。喷涂法对涂层厚度的均匀性要求较高，喷涂距离和角度需严格控制，以达到设计要求的涂层效果。

（二）施工前准备

1. 搭设操作平台

根据施工部位和高度，搭设稳固的操作平台，平台应满足施工人员和设备的承载需求，同时便于涂装作业的进行。

2. 钢构件表面的除锈、防锈处理

对钢构件表面进行彻底清理，去除锈斑、油污和灰尘。使用喷砂或手工打磨等方法除锈，随后根据设计要求进行防锈处理，以提高防火涂料的附着力和保护效果。

3. 防火涂料调制

按照厂家提供的技术说明对防火涂料进行调制。施工前，将涂料搅拌均匀，必要时可加入适量稀释剂，但不得过量，以免影响涂料性能。调制好的涂料应及时使用，避免因时间过长导致性能下降。

（三）防火涂料喷涂施工

广泛应用的喷涂工艺有厚涂型及薄涂型。

1. 厚涂型钢结构防火涂料涂装工艺及要求

喷涂防火涂料应分多次完成，通常需喷涂 2～5 遍。第一遍喷涂只需覆盖钢材表面，随后每层喷涂厚度应控制在 5～10mm 之间，建议每层喷涂厚度约 7mm。在前一层涂层基本干燥或固化后方可进行下一遍施工，通常间隔 4～24 小时。喷涂保护方式、遍数和涂层厚度应依据防火设计要求具体确定。

喷涂时，喷枪应垂直于钢构件表面，喷枪口直径建议在 6～10mm 之间，气压保持在 0.4～0.6MPa。操作时，喷枪运行速度要均匀，避免在同一位置长时间停留，以防止涂料堆积或流淌。配料和向喷涂机加料需连续进行，不可中断。

在喷涂过程中，应使用测厚针或测厚仪随时检测涂层厚度，达到设计要求后方可停止喷涂。喷涂结束后，对于明显凹凸不平的部位，可采用抹灰刀等工具进行剔除和补涂，保证涂层表面平整均匀，满足防火设计标准。

2. 薄涂型钢结构防火涂料涂装工艺及要求

（1）底层涂装工艺及要求

底层涂装通常需喷涂 2～3 遍，每遍施工间隔为 4～24 小时。待前一层涂层基本干燥后，方可进行下一遍喷涂。第一遍主要覆盖钢材表面，覆盖率约为 70%；第二、三遍喷涂时，每层厚度应控制在 2.5mm 以内，以达到均匀的涂装效果。具体喷涂方式、层数及涂层厚度应严格按照产品说明书及防火设计要求执行。

喷涂时，操作人员应稳握喷枪，喷嘴与钢材表面成 70°角，喷口距离喷涂面约为 40～60cm。在旋转喷涂时，应特别注意交接部位的颜色和涂层厚度的均匀性，避免出现漏涂或因涂料堆积造成流淌现象。涂层应覆盖完整且轮廓清晰。

施工过程中，需采用测厚针或测厚仪随时检查涂层厚度，保证各部位的涂层均达到设计规定的标准。最后一遍喷涂完成后，应使用抹灰刀或其他工具对涂层表面进行平整处理，使涂层光滑均匀，达到施工质量要求。

（2）面层涂装工艺及要求

当底层涂装厚度达到设计要求并基本干燥后，可开始面层涂装的施工。面层涂料通常需涂刷 1～2 遍，为保证覆盖均匀，第一遍可采取从左到右的涂刷方向，第二遍则从右到左，形成交叉覆盖效果。面层涂料的喷涂用量一般为 0.5～1.0kg/m²。

施工时需注意面层的颜色均匀性和涂装的接头平整度，确保整体外观美观整洁。对于露天钢结构的防火保护，在完成防火底涂层后，可选择适用于建筑外墙的面层涂料，既能增强防火性能，又能起到防水装饰作用，面层涂料用量一般为 1.0kg/m²。施工结束后，应对涂层进行检查和必要的修整，以达到设计要求和施工规范。

（四）防火涂料成品保护

①为保持工程质量与外观的美观，施工管理班组应根据实际情况，在涂料分区施工完成后组织专人负责成品保护工作，安排值班巡察，及时处理可能的损伤或污染。

②在拆除脚手架及其他辅助设施时，应采取必要措施，避免碰撞和刮伤涂料表面，防止造成损坏。

③防火涂料施工完成并验收后，需要其他工种作业时，需加强协调，做好成品的保护工作，防止后续施工对涂层造成影响。

④对于涂装作业面附近的已装饰墙面，应提前覆盖塑料彩条布或其他防护材料，防止涂料作业过程中对周围装饰面产生污染。

第四节 钢结构施工质量控制

一、钢结构施工质量控制内容

(一)质量方针与目标

1. 质量方针

坚持"科学管理、精细施工、安全高效"的原则,通过严格执行施工规范和技术标准,推动工程高质量完成。

2. 质量目标

①施工各环节严格满足设计和规范要求,确保工程达到优质标准。

②一次性验收合格率达到100%,满足业主对质量的期望。

③控制施工误差在设计允许范围内,保证工程结构的安全性和稳定性。

④推行绿色施工,减少资源浪费和环境影响,体现可持续发展理念。

(二)质量管理体系及机构

1. 施工质量保证体系

建立科学完善的质量控制体系,覆盖从施工准备到竣工验收的全过程,明确各环节的质量标准和控制要点,严格按照设计规范和技术要求组织施工。

2. 施工质量管理组织机构

设立专门的质量管理组织机构,由项目经理、技术负责人、质量管理人员等组成,分工明确,形成层级分明、职责清晰的管理网络,以有效推动质量管理工作。

3. 质量管理职责

(1)项目经理

负责全面统筹质量管理工作,协调资源,落实质量控制措施。

(2)技术负责人

负责技术方案审核及关键工序的技术把关,监督施工过程中的技术执行情况。

(3)质量管理人员

负责现场质量巡检、问题反馈及整改跟踪,确保施工各环节符合质量要求。

(4)施工人员

严格按照施工规范及操作流程执行,配合质量管理工作,主动发现并报告问题。

4. 质量保证措施

工程质量的好坏,直接反映出施工企业的管理和施工水平。根据工程的质量方针和质量目标,并结合本工程质量确保达到合格的目标,拟定以下质量保证措施。

（1）人员保证

强化施工队伍建设，选用技术熟练、责任心强的施工人员，定期组织培训，提高全员质量意识和专业技能，确保施工质量符合要求。

（2）工程质量检测工具的配备

按施工需求配备精确可靠的检测工具，如全站仪、测厚仪、焊缝检测仪等，定期校准设备，保障检测数据的准确性，支持施工质量控制。

（3）材料保证

严格把控材料采购环节，选择符合设计要求和相关标准的钢材、焊接材料及涂料。进场材料需附带质量证明文件，并逐批次进行检验，确保使用合格材料。

（4）技术保证

制定科学合理的施工技术方案，针对关键工序和难点问题进行技术交底。通过技术审核和现场指导，解决施工中出现的技术问题，提高施工技术水平。

（5）管理措施

加强现场管理，实施标准化作业，设置质量控制节点，分阶段验收施工成果。及时发现和整改质量问题，减少施工过程中的隐患和返工。

（6）质量分析会内容

定期召开质量分析会，通报质量检查结果，分析施工中存在的问题，研究制定改进措施，并跟踪落实。通过交流和总结经验，提升整体施工质量水平。

5. 安装现场质量控制方案

（1）安装质量控制主要环节

针对钢结构安装的关键环节，如基础复核、构件吊装、节点连接、焊接质量、螺栓紧固等，制定详细的控制要点，明确各工序的质量要求与检查标准。

（2）安装质量控制体系

建立完整的安装质量控制体系，设置专职质量管理人员对施工全过程进行监督与检查。各级质量管理人员分工明确，负责不同阶段和环节的质量控制工作，形成闭环管理。

（3）质量检查控制程序

制定质量检查程序，包括施工前检查、过程巡检和阶段性验收。检查内容涵盖构件尺寸、安装精度、焊接质量和螺栓连接强度等，发现问题及时记录并督促整改，保证每一阶段达到设计规范。

（4）施工准备阶段质量控制

在施工准备阶段，对设计图纸进行详细审核，排查可能存在的问题；对施工方案进行优化，明确各项工艺要求；检查施工机械设备和工具是否处于完好状态，并做好进场材料的检验和验收。

（5）现场安装的质量控制

对构件的安装位置、标高、垂直度等进行实时监测，严格控制构件拼装与连接的精度。焊接和螺栓连接工序需重点关注，对焊缝质量和螺栓预紧力进行逐一检查，并做好记录，确保施工过程规范可控。

（6）半成品、材料保护

对半成品和进场材料进行妥善存放和保护，避免因运输或堆放不当造成损坏或变形。采用垫木分层堆放钢构件，并设置防雨、防尘措施。加强现场管理，防止施工过程对已完成构件和材料造成污染或损伤。

（7）不合格品处理

施工中发现不合格品时，及时隔离并标识，查明问题原因，采取返工、维修或更换等措施处理。同时，对不合格项进行分析和记录，完善工艺流程，防止类似问题再次发生。

（8）质量验收

安装完成后，按照设计要求和相关规范组织质量验收。验收内容包括构件尺寸、连接强度、焊缝质量和安装精度等，形成验收记录。对验收中发现的问题，要求相关责任方限期整改，并进行复验。

（9）全过程质量控制

全过程监控安装施工，包括基础标高复核、构件吊装定位、节点连接和涂装保护等环节。针对重要工序和关键部位，严格执行质量检查，做好详细记录，保障钢结构安装达到预期效果。

二、钢结构施工质量控制的步骤和方法

（一）现场质量检测的内容

1. 开工前检查

在工程开工前，核查施工条件是否符合要求，并评估后续施工中工程质量是否能得到有效控制。

2. 工序交接检测

在工序交接时，对重要工序进行检测，先进行自检和互检，再由专职质量员进行交接检查，确保各工序质量满足要求。

3. 隐蔽工程检测

对隐蔽工程进行质量检测并认证，如混凝土浇筑前的栓钉焊接、各类预埋件等项目，只有经过检查合格后方可继续后续施工。

4. 停工后复工检测

若因特殊原因停工，复工前需对停工期间的工程质量进行检测和评估，复核后方可继续施工。

5. 施工过程质量控制

对每一分项、分部工程在施工过程中的质量进行实时监测，及时发现和处理施工

过程中出现的问题。

6. 成品保护检查

检查已完成成品是否采取了有效的保护措施,并核实这些保护措施是否能满足工程的实际需求,避免成品受损。

(二) 现场质量检测的具体方法

1. 目测法

利用观察、触摸、敲击和光线照射等方法对施工质量进行直观检查。检查涂装工程的表面状况,确认是否存在漏刷、流挂或污染;观察楼承板工程的堵头是否封闭紧密,栓钉排列是否规范,通过敲击检测栓钉的固定状态,以判断其牢固性。

2. 实测法

通过实际测量和对比施工标准的偏差范围进行检测。使用直尺和塞尺测量梁柱接缝的平整度;用线锤检测构件的垂直度;采用测量仪器核实轴线、标高以及断面尺寸的精确性;借助角尺和塞尺检查构件的方正性,并利用探伤仪检测焊缝的内部质量。

3. 试验检测

借助实验手段对施工质量进行深度评估。例如,对摩擦面进行拉力试验以验证处理效果;对高强螺栓进行轴力测试,以评估其性能是否达到要求;对焊接试件进行超声波探伤和物理性能测试,判断焊缝的可靠性以及焊接工艺是否符合规范。

(三) 现场计量器具管理措施

1. 专人管理与定期鉴定

由专职计量员负责计量器材的周期性鉴定和随机抽检,确保计量器具的准确性。现场计量器具由指定人员负责保管和使用,建立详细的使用台账,严禁他人随意使用。

2. 器具维护与报修

所有计量器具,包括经纬仪、水准仪、钢卷尺、拉力秤、温度仪等,需定期进行校对和鉴定。发现损坏时,应及时申报维修或更换,避免因器具失准影响测量质量。

3. 测量工程质量管理措施

(1) 所有测量仪器如全站仪、水准仪等必须经过鉴定合格,并在其有效使用周期内按二级计量标准执行检测任务。

(2) 施工测量的基准点应加以严格保护,避免受到撞击或破坏。在施工期间定期复核基准点是否发生位移,确保测量精度。

(3) 引测总标高控制点时,应采用闭合测量法,以保障引测精度的可靠性。

(4) 轴线控制点及总标高控制点需经监理工程师书面确认后,方可正式投入使用。

(5) 所有测量结果应及时汇总,存档并向相关部门报送,确保施工过程中各项参数的可追溯性和规范性。

三、施工测量质量控制的措施

（一）合理布置施工控制网

施工控制网的方格主轴线应与总平面图中的主要建筑物轴线保持平行，转折角严格保持直角。控制网边长的精度需根据具体工程需求设定，控制点的桩位应设置在不易受施工影响且具备长期稳定条件的位置，以保证控制网的长期有效性和数据可靠性。

（二）沉降观测控制

多层建筑的沉降观测点应结合建筑物地基变形的特点及地质条件进行设置。一般点位选择在建筑物四个角、大转角处，以及沿外墙每 10～15m 或每隔 2～3 根柱基的位置。此外，在高低层建筑交接处两侧、沉降缝两侧及建筑中部内墙均需设置观测点。观测点布置应纵横对称，间距以 15～30m 为宜，确保数据采集的全面性和均匀性。

（三）测量精度质量控制

施工过程中，竣工测量图的平面精度需与拨地测量图保持一致，以便两者数据具有可比性。为达到这一要求，施工阶段的平面控制精度应满足高标准，以确保最终测量结果的精确性和工程数据的可追溯性。

四、土方开挖质量控制措施

（一）设专人负责质量监督

土方开挖需配备专职质量管理人员全程跟踪检查，及时补撒灰线并将基坑下口线标定到基底。在 5m 范围的挖土作业面内，分布至少两个标高控制点，以准确引导开挖深度。

（二）完善排水系统

合理布置排水沟和积水井，及时处理地表及坑内积水。配置抽水设备如潜水泵，避免积水影响施工进度。积水经沉砂井过滤后方可排入市政排水系统，确保排放符合环保要求。

（三）逐层逐段开挖

采用自上而下、分层分段的方式进行开挖作业，接近设计坑底标高或边坡边界时，需预留 200～300mm 土层，以便进一步精确修整，防止挖掘过深或破坏边坡稳定性。

（四）复核后继续开挖

在进行边坡坑底开挖之前，测量和质检人员需核验边坡和基底条件是否达到要求，合格后方可继续施工。班组换班时需交接当前开挖深度、边坡状况及操作流程，以维持质量的一致性。

（五）边坡施工方法优化

开挖边坡时，从沟端开始作业，挖土机的操作中心线需对准边坡下口线。采用

"修坡后挖土"的方法,避免直接切割坡脚,减少边坡失稳风险。

(六) 机械支撑与人工协同

使用机械开挖前,需计算支撑强度,特别是在危险区域加强支撑稳定性。开挖过程中,安排人工辅助操作,及时清理修整边坡,避免因机械作业不均造成安全隐患。

(七) 验收质量标准

土方开挖标高偏差控制在 50mm 以内,基坑槽长度偏差不得超过 200mm,宽度偏差需保持大于 50mm,表面平整度的误差应不超过 20mm,基底土质需符合设计指标要求。

(八) 雨天防护措施

阴雨天气施工时,在各分段边坡上覆盖彩条布,防止雨水造成土体流失或滑坡现象,并及时疏导雨水,以保障施工进度与安全条件。

五、护坡桩施工质量保证措施

(一) 土钉墙顶部水平位移监测

1. 监测点布置

沿基坑周边每隔 15~20m 布置一个监测点,以覆盖整个基坑顶部区域,确保数据具有代表性。

2. 基准点设置

选择基坑顶部视线通畅、不易受干扰的位置作为基准点,确保基准点具有稳定性和可长期使用的特性。

3. 观测点设置

在观测点位置,用黑油漆画出三角形标记,在标记附近打入水泥钉,并用油漆明确标注,以便观测定位和重复观测。

4. 观测方法

使用经纬仪将轴线投射至位移点旁,测量位移点与轴线之间的偏距,并通过两次测量数据的对比计算水平位移量。同时利用场外半永久性基准点对基准点进行校核,测量角部观测点的侧向水平位移,从而计算各观测点的位移变化量,形成完整的监测数据。

(二) 周围重要建筑物及地下管线变形监测

1. 建立控制网

根据城市导线点,构建高精度的水准测量控制网,采用高精度水准仪对监测点进行数据采集,确保测量精确。

2. 设置观测点

在基坑周边坡顶，将沉降观测点与水平位移观测点合并为同一观测点，简化布点，同时提高监测的效率和一致性。

3. 利用现有观测点

对于周边建筑物，优先使用原有的永久性沉降观测点，减少新建观测点的干扰，最大限度地利用现有资源进行监测。

4. 监测频次

在基坑开挖前，进行两次观测以获取初始数据。施工过程中，每 15 天进行一次观测；当基坑挖至基底标高后，调整为每月观测一次。根据沉降观测数据，可以推算建筑物的倾斜变化，便于分析变形趋势和安全状况。

(三) 建筑物裂缝监测

当建筑物出现多处裂缝时，需对裂缝进行系统编号，逐一记录其位置、走向、长度和宽度等详细信息。对于混凝土结构上的裂缝，可采用以下监测方法：

1. 位置和走向标记

在裂缝两端用油漆标记清晰的线段，便于确定裂缝的具体位置和延伸方向。对于复杂裂缝，可在混凝土表面绘制方格坐标，为后续监测提供精确参考。

2. 长度和宽度测量

使用钢尺或其他精确测量工具，逐一量取裂缝的长度和宽度变化，记录初始值，并定期复测，跟踪裂缝的扩展趋势。

六、高强螺栓工程质量保证措施

(一) 高强螺栓质量检验

1. 取样复试

根据《钢结构工程施工质量验收规范》的要求，对高强螺栓进行取样复试，试验合格后方可用于施工。

2. 轴力试验旁证

若同批螺栓中包含长度较长的螺栓，可利用这些螺栓的轴力试验结果旁证该批次螺栓的轴力值。其轴力值需符合设计要求，满足紧固力的标准。

3. 拧紧流程

扭剪型高强螺栓的拧紧过程分为初拧阶段和终拧阶段。初拧阶段使用扳手操作，调整初拧力值至终拧值的 50%～80%；终拧阶段采用定值电动扭矩扳手，尾部梅花头拧断即视为达到终拧标准。

4. 梅花头检测

终拧完成后，对于因构造原因未能拧掉梅花头的螺栓，不得超过该节点螺栓总数的 5％。未拧掉梅花头的螺栓应采用扭矩法或转角法完成终拧，并进行标记。

5. 螺栓丝扣要求

终拧后，螺栓丝扣需外露 2～3 扣。允许最多 10％的螺栓丝扣外露 1 扣或 4 扣，但需确保连接紧固性。

6. 摩擦面清理

高强螺栓连接的摩擦面应保持干燥、洁净，不得有飞边、毛刺、焊渣、焊疤、氧化皮或其他污物。除非设计有特殊要求，摩擦面禁止涂漆，以免影响摩擦性能。

（二）高强螺栓施工技术要求

1. 螺栓存储与管理

由专职保管员负责高强螺栓的管理，储存在专用仓库中，按规格和批号分类码放，并标注标牌，防止混乱或误用。

2. 温度影响及特殊工艺

高强螺栓施工受温度变化的影响较大，当施工环境温度超出常温范围（0～30℃）时，需进行专项试验，依据试验结果制定适应性施工工艺。

3. 扭矩控制

扭矩扳手的预设值需通过试验校准，防止超拧现象。施工中采用音响控制扳手进行操作，并在初拧时做好标记，避免遗漏或重复拧紧。

4. 摩擦面清理与修复

螺栓施工前必须清理摩擦面，确保其表面洁净，以保证摩擦系数符合要求。如摩擦面因运输或其他原因导致变形或表面损伤，需在安装前校正变形并重新处理。

5. 孔洞处理

连接孔因制作或安装造成偏差时，应使用电动铰刀修整。严禁采用气割或锥杆锤击扩孔的方式，以防损伤结构和影响连接强度。

6. 特殊节点处理

在节点交叉处，因空间限制无法使用电动扳手时，可改用定扭矩扳手进行施拧。潮湿天气或雨后，需待节点干燥后方可进行螺栓拧紧。

7. 安装要求

严禁强行将螺栓穿入孔洞。如发现个别螺栓无法自由穿入，应使用电动铰刀修整孔洞，禁止使用气割或锥杆锤击方式扩孔。

8. 铰孔操作

铰孔作业前，需将孔洞四周的螺栓全部拧紧，确保板件密贴后再进行修整，防止铁屑进入叠缝中，影响结构质量。

七、钢结构安装质量控制方法

（一）钢柱垂直度控制

钢柱垂直度的控制分为四个阶段：初校后初拧、终拧前复校、焊接过程中的跟踪监测以及焊接后的最终测量。在初拧前，利用长水平尺对垂直度进行粗略调整；形成框架后，进行精确校准。焊接完成后需复测垂直度，并与终拧时的测量数据进行比对，为后续钢柱调整提供数据支持。

（二）柱顶标高变化的控制

通过柱底标高的调整，调控柱顶和各层梁的标高。每节柱焊接完成后需复测柱顶标高，计算误差值，为下一节柱安装提供修正数据。焊接过程中的收缩及压缩变形需实时测量并分析，同时记录钢柱旋转偏移的累积值与方向，并将数据反馈至工厂，用于后续加工调整。

（三）钢柱安装的轴线控制

以单节柱为单位进行调整，在安装前将原始控制点投影至楼面，并布置柱中心线作为校准基准。安装前复核前一节柱的轴线偏差数据，根据结果对当前节柱的安装进行适当调整，确保整体轴线的精准连续性。

（四）柱旋转的控制

接柱前需核对柱上连接板中心线与柱体中心线是否对齐。接柱过程中，依据连接板与柱体的中心线误差情况调整上下柱对齐状态，保证每节柱安装的准确性，避免因柱体旋转导致结构偏移。

（五）超长体系焊接变形的预控

1. 平面外框变化控制

针对主楼外侧柱，为避免焊接过程中的变形，可在焊接前将柱体适当向外倾斜2mm，以此抵消焊接收缩对柱体平面外框位置的影响，保持整体结构的设计状态。

2. 高度变化控制

每节柱焊接完成后，应立即测量并记录柱顶标高，并将数据及时传递至加工工厂。若发现标高误差较大，可针对误差值对下一节柱进行特定调整或设计加工，防止累积误差影响整体结构的垂直度和高度控制。

八、焊接工程质量控制措施

（一）焊接技术要求

1. 焊缝收缩量控制

为减少局部及整体焊接变形，焊缝需预留收缩量。钢柱沿高度及轴向长度，根据每道安装接缝的收缩余量（2～3mm）计算总量，在地面组拼时预留焊接收缩余量。

2. 分段矫正与修正余量

地面组装时采取分段矫正措施，控制拼装块及柱体的焊接变形。预留部分后装段，通过实测拼接口坐标后再进行切除修正，确保拼接精度。

3. 合理焊接顺序

按吊装顺序确定焊接顺序，优先完成支撑结构的焊接，其次是梁的焊接。分段安装时采取自下而上的逐段焊接顺序，先焊横向杆件定位，再焊竖向杆件，遵循三柱间两小区对称施焊原则，以分散应力、控制变形。

4. 焊缝返修与质量检查

焊接后发现不合格部位，需按同样的焊接工艺返修并进行补焊。返修后再次用相同的检测方法进行质量检查，确保焊缝满足要求。

5. 缺陷处理

对焊缝中的裂纹、未焊透、超标准的夹渣或气孔等缺陷，需彻底清除后再进行重焊。清除缺陷可采用碳弧气刨或气割等方法。

6. 低合金结构钢焊缝限制

对低合金结构钢的焊缝返修，同一部位返修次数不得超过 2 次。若返修 2 次仍不合格，应更换母材，或由责任工程师联合设计及质量检验部门协商处理方案。

(二) 焊接质量检查

1. 焊前检查

焊接开始前，需检验构件标记以确认型号和位置是否正确；核对并检查焊接材料是否符合设计及规范要求；清理现场焊接区域，确保无油污、锈迹等杂物；根据需要对构件进行预热，以减少焊接过程中可能的热影响区裂纹。

2. 焊接过程检查

在焊接过程中，需保持预热和层间温度稳定，避免温差过大导致焊接缺陷；检验填充材料的使用是否符合工艺要求；对打底焊缝进行外观检查，确保平整均匀；清理焊道以消除杂质，为后续焊接层提供良好的基础；严格按照认可的焊接工艺进行操作，控制焊接速度与参数。

3. 焊后检查

焊接完成后，需清除焊渣和飞溅物，检查焊缝外观是否平整无缺陷；重点检查咬边、焊瘤、裂纹及弧坑等部位，确认其符合设计及质量标准要求，必要时进行补焊或修整，以达到质量标准。

九、油漆补刷质量要求

（一）及时涂刷底漆

除锈作业完成后，应在 4 小时内完成底漆涂刷。如未能按时完成，需隔天重新除锈后再进行涂刷，以避免表面再次氧化。

（二）底漆间隔时间控制

第一道与第二道底漆的间隔时间应控制在 4～8 小时之间。每道漆需在前一层完全干燥后再涂刷，当天不得连续涂刷两道漆，以免影响附着效果。

（三）漆道与厚度要求

涂刷油漆的道数及漆膜厚度需严格按照施工规定执行，每道漆之间应有明显的颜色区分，便于辨识和质量控制。

（四）构件标识与检查

涂刷完成的构件需加注标识以防误用，确保无漏涂及锈蚀现象，且颜色符合设计要求。成品终检时需对标识进行全覆盖检查，保证每项标记正确无误。

（五）外观质量要求

涂刷后的漆面需均匀，色泽一致，不得出现垂流、渗色、粉化、回粘、龟裂、针孔、气泡、剥离及其他附着物等不良现象。

（六）金属表面涂刷要求

金属表面漆膜应刷纹流畅，无明显皱纹或流挂现象，漆膜附着力强，表面平整光滑。

（七）涂层损坏修复

对于施工过程中损坏的涂层，应按涂装工艺要求分层补漆，确保补漆后涂层完整，附着牢固，达到整体质量标准。

第五节　钢结构施工安全管理

一、钢结构施工安全管理的内容

（一）安全生产责任制

1. 项目经理职责

作为工程项目的第一责任人，项目经理全面负责施工过程中的安全生产，统筹管理并落实安全措施，确保项目运行符合相关安全规范。

2. 项目总工程师职责

主持项目安全技术措施的制定和实施，包括大型机械设备的安装与拆卸、脚手架的搭设与拆除，以及针对季节性施工特点编制相应的安全施工措施并进行审核。

3. 项目副经理职责

负责安全生产计划的制订及组织实施，协调各部门间的安全生产工作，确保安全措施在各环节得以落实。

4. 专职安全员职责

对施工现场的安全状况进行监督检查，针对各专业分包队伍的安全生产工作进行督促整改，保障各施工环节符合安全要求。

5. 专业工长职责

作为工作区域内安全生产的直接责任人，专业工长需对其负责的区域进行安全管理，落实安全措施，并及时排除安全隐患，确保施工人员的安全作业环境。

（二）安全管理制度

1. 安全教育制度

所有施工人员必须参加公司、项目及岗位三级安全培训，通过考核后方可正式上岗。培训内容涵盖基本的安全规范和施工现场特有的安全风险，确保每位员工具备必要的安全意识和应急能力。

2. 安全学习制度

针对施工现场的安全管理特点，项目部将定期组织管理人员开展安全学习。每周由专职安全员组织各分包队伍进行安全学习；班组则根据当天施工任务进行班前安全教育。这些措施旨在提高全员安全意识，树立"安全第一，预防为主"的理念。

3. 安全技术交底制度

根据现场实际情况和安全措施要求，项目部必须对管理人员进行安全技术书面交底，确保每个环节的安全要求明确到位。同时，各施工工段和专职安全员需定期向施工班组进行书面安全交底，确保每位作业人员了解并执行安全规定。

4. 安全知识宣传制度

为提高施工人员的安全意识，项目部通过多种形式加强安全生产法律法规和知识的普及。包括组织集体观看"关爱生命，安全发展"主题影视资料、开展安全知识学习活动等方式，全面提升员工的安全素养和预防事故的能力。

5. 安全检查制度

项目部每周组织一次全面的安全大检查，确保所有安全管理措施得到落实。每位专业工长和专职安全员需每日检查所管辖区域的安全防护措施，及时发现并纠正安全隐患。所有发现的隐患必须落实责任人，定期整改并复查，做到问题不遗漏、整改不打折。

（三）安全管理工作

安全管理工作遵循"预防为主，防治结合，综合治理"的方针，着力于全方位、多层次地进行安全控制和隐患排查，确保施工现场的安全生产。

1. 安全巡视

项目安全员组织机构内的各责任人，按照项目安全主管的指示，进行日常安全巡视。每个责任人应细致检查可能引发安全隐患的施工环节，并对施工人员进行安全提醒。对于发现的安全违规行为，应立即采取纠正措施，及时上报给相关部门。通过定期和不定期的巡视，保障各项安全措施落实到位。

2. 安全报告

每位安全管理责任人需按规定每日填写安全报告，汇总当天的安全隐患巡视结果，并对当天的施工活动进行分析，指出潜在的安全风险及其防范措施。若施工现场未发生重大安全事故，安全报告经项目经理审核后上报至公司及上级安全部门。如果发生重大安全事故，需按照国家规定程序向相关主管部门报告，确保信息的及时反馈与处理。

3. 安全分析会

每月定期召开安全分析会，全面总结当月的安全工作。会议将对发现的安全隐患提出整改措施和完工时间，制订未来的预防性工作计划。同时，对发生的安全事故进行深入分析，明确事故责任单位与责任人，提出相应的处罚措施。此外，会议还将对其他承包商的安全工作提出配合要求，并对下月的安全工作进行部署，提出新的工作指导意见，确保安全管理持续改进。

二、钢结构施工安全管理的步骤和方法

(一) 钢结构加工的安全措施

1. 钢构件加工

①安全防护装置。所有机械设备、砂轮、电动工具以及电气和气焊设备都必须安装必要的安全防护装置，确保操作人员在使用过程中受到充分保护。

②现场安全清理。在进行切割或气刨作业前，操作现场必须清理掉所有易燃、易爆物品，避免火花或高温对周围环境产生危险。作业结束后，操作人员必须切断电源并锁好配电箱，确保设备停用。离开工作区域前，应再次检查四周是否有余火，并确保现场安全。

③加工废料处理。在钢构件加工过程中，指定专人负责及时清理和收集产生的铁屑和其他废料，所有废弃物应送至专门的存放场所，并确保加工区域始终整洁，避免工作场所杂乱导致事故发生。

④噪声控制。对于噪音较大的加工设备，如砂轮切割机，应采取有效的噪音隔离措施。可以在主要噪声源周围搭建木板封闭工棚，减少噪音扩散，保护操作人员的听力安全。同时，操作人员需佩戴耳塞，以防止长期高噪音环境对听力造成伤害。

2. 钢构件组装

①在进行构件翻身和起吊时，必须确保绑扎稳固，起吊点应设置在构件的重心位置。吊升过程中应避免产生过多振动或摆动，直到构件就位并临时固定后才可松开索具。

②钢构件组装场地的用电安全需要严格管理，起重机作业时，要与电线保持足够的安全距离。

③在雨季或湿气较重的环境中进行钢构件加工时，电焊工人应配备绝缘手套和绝缘胶鞋，以减少触电风险。

④操作机械除锈和喷涂工具时，操作人员需佩戴防护眼镜，以及防尘、防毒口罩，以防止有害物质进入呼吸道或伤害眼睛。

⑤为了减少噪音对工作环境的影响，机械噪声应控制在 95 分贝以下，避免影响施工人员的听力和专注力。构件翻转时，应缓慢而平稳地放置在胎具上，避免冲击损伤。

⑥加工车间应具备良好的通风设施，定期进行空气流通，粉尘浓度不应超过 10 mg/m² 。操作人员需佩戴齐全的劳动防护用品，并严格按照操作规定使用，确保其防护效果。

（二）土方开挖安全保障措施

①在土方开挖之前，必须探查地下管网情况，避免发生意外。基坑施工期间，应设立警示牌，夜间作业时提供充足照明，并设置红色灯标识。

②设置专用斜道，并采取防滑措施，禁止通过攀爬边坡的方式上下基坑。人工挖土或修土时，作业人员要与基坑边缘保持至少 2m 的安全操作距离。

③基坑四周禁止随意堆放材料。开挖后的基坑，其边缘与重物之间的安全距离应达到：汽车至少 3m，起重机至少 4m，土方堆放至少 1m，材料堆放亦应至少为 1m。

④应及时铺设垫层，避免基坑土体因搁置时间过长而发生隆起现象，同时加速基础施工进度，缩短施工流水时间。开挖过程中，必须配备足够的照明，电工应安排日夜轮班值守。

⑤基坑边缘应设置防护栏杆。在距离基坑边缘 1m 处设置钢管防护栏杆，立杆深埋地下 600mm，间距为 2m。横向栏杆应设置在距离地面 0.6m 和 1.2m 的高度，并用密目网进行封闭处理。

⑥机械行驶道路应保持平整和坚实，必要时可在底部铺设枕木、钢板或路基箱垫道，防止作业过程中发生下陷。挖掘机和运输车辆在行驶时，应严格遵守现场指挥，并按规定路线行驶。

（三）土方开挖施工应急措施

1. 应急物资储备与快速响应

在土方开挖和基坑维护期间，需提前储备槽钢、钢管、花管、草袋、土工织物、袋装砂或土等应急物资。一旦发现基坑状况恶化，应立即调用这些材料对坡脚进行反压处理，以稳定边坡。若情况紧急，还可在坡顶进行削坡减载操作，待边坡稳定后再采取进一步处理措施。

2. 土质坍塌的应急处理

针对较差土质的局部剥离坍塌情况，应迅速采用土钉挂网固定，并喷射速凝混凝土进行加固，以防止坍塌范围扩大。

3. 边坡局部涌水的处理

对于边坡局部涌水问题，需迅速插入花管进行引流，同时使用黄泥料对涌水范围进行封堵。此外，还应在基坑上部打入垂直花管和水平花管进行注浆处理，以增强边坡的稳定性。最后，喷射速凝混凝土进行最终封堵，防止涌水再次发生。

4. 基坑边坡局部塌方的应对措施

①覆盖与防水。一旦发现基坑边坡局部塌方，应立即用彩条布等材料覆盖塌方区域，防止雨水渗入导致二次塌方。

②裂缝处理。对基坑边坡塌方段坡顶面的裂缝，应及时用水泥砂浆进行封闭，或设置止水墙和排水沟以引导水流，防止雨水渗透进入边坡壁内。

③逐层清除与加固。采用自上而下的方式逐层清除塌方体，每层清除深度一般控制在1.5～2.0m，避免超深清除导致边坡进一步失稳。同时，对每层清除后的边坡进行喷锚网作业以加固边坡。

④自然被面处理。对于已经形成自然被面的边坡，应立即用喷射混凝土进行封闭，并采用喷锚网系统进行全面加固。

⑤局部加固。若塌方体无法完全清除，应采取锚杆支护等局部加固措施，确保边坡的整体稳定性。

（四）基坑支护应急预案

1. 场地硬化处理

对基坑四周坡顶的施工场地进行硬化处理，确保施工机械以均布荷载的形式平稳作用于坡面，减少因集中荷载导致的坡面不稳定因素。

2. 坡顶堆载管理

合理组织卸掉坡顶堆载，避免超载对坡面造成过大压力。同时，在坡面组织有效支撑结构，以增强坡面的承载能力，防止坡面破坏范围进一步扩大。

3. 土质不良地段加固

针对坡顶部分地段土质情况不佳的情况（如存在近期挖沟且回填不密实的松动土层），采用锚杆设置地面拉筋的方法进行加固处理，以增强该区域的稳定性。

4. 位移观测系统建立

在施工过程中，于边坡关键位置建立位移观测点，定期对边坡的位移情况进行监测，以及时掌握边坡的稳定性状态。

5. 强化监测与应急响应

一旦发现坡面位移异常增大，应立即启动应急响应机制，安排专人进行 24 小时不间断观测，并及时将观测结果反馈给相关技术人员。技术人员需根据观测数据迅速分析边坡稳定性状况，采取必要的加固措施或调整施工方案，以确保基坑支护结构的安全稳定。

（五）钢筋绑扎施工质量保证措施

1. 钢筋存放管理

加工好的成型钢筋运至现场后，需按型号、规格分类整齐堆放，并铺垫木以防止压弯变形。同时，在钢筋堆放区域周围需修建排水沟，确保钢筋不陷入泥土中，保持其清洁与干燥。

2. 钢筋绑扎支撑

在钢筋绑扎过程中，需确保支撑马凳绑扎牢固，以防止在操作过程中对钢筋造成踩踏，从而导致钢筋变形。

3. 预埋件保护

在绑扎钢筋时，应严禁碰撞预埋件。若不慎碰撞，需按设计位置重新固定预埋件，确保其位置准确、牢固。

4. 施工操作平台搭建

绑扎墙筋时，应搭建临时架子并铺设脚手板作为操作平台。搭设的跳板必须符合安全要求，严禁直接蹬踩钢筋，以防止钢筋变形或位移。

5. 钢筋处理与保护

严禁随意割断钢筋。对于锈蚀较严重的钢筋，应采用钢刷进行除锈处理，以恢复其原有的力学性能和耐久性。

6. 通道设置

在绑扎、验收板墙柱筋时，需搭设好施工马道，便于物料运输和人员行走，同时减少对钢筋的干扰和破坏。

7. 现场清理

钢筋绑扎完毕后，需及时清理脚下的剩余钢筋、保护帽等杂物，以便于后续施工使用，并保持施工现场的整洁有序。

8. 隔离剂使用注意事项

在模板板面刷隔离剂时，需严格控制涂抹范围，严禁污染钢筋，以确保钢筋与混凝土的黏结性能不受影响。

(六) 模板施工质量保证措施

1. 模板安装质量要求

①模板安装需精确控制结构部位的形状与截面尺寸,以及预留洞口的尺寸和位置。

②安装后的模板必须具备足够的稳定性,防止在施工过程中发生变形、错位或膨胀。

③模板拼缝应平整且紧密,避免出现漏浆现象。

2. 模板安装施工注意事项

①吊装时应轻起轻放,避免碰撞,以防模板变形。

②拆模时不得使用大锤敲击或撬棍强行撬动,避免损伤混凝土表面和棱角。

③模板在使用过程中要加强管理,按规格分类堆放,并及时进行修补。

④支模时要确保脚手架和架板稳固,拆模时避免用力过猛。

(七) 混凝土浇筑质量保证措施

①在作业前,检查电源线路无破损漏电,漏电保护装置应灵活可靠,机具连接紧固,旋转方向正确。

②模板报验合格后,在浇筑混凝土前一天,用水泥砂浆将模板根部封堵严密,并在混凝土浇筑前均匀浇筑 5~10cm 水泥砂浆,防止墙体烂根。

③混凝土入模前,施工缝处的浮浆和松动石子等应剔除,并用水冲洗,使其充分湿润。

④浇筑过程中,防止混凝土冲击洞口模板,洞口两侧应对称均匀地进行浇筑与振捣。

⑤插入式振捣器软轴的弯曲半径不得小于 50cm,并不得超过两个弯;操作时,振捣棒应自然垂直地插入混凝土中,不得用力硬插、斜推或使钢筋夹住棒头,且不得全部插入混凝土。

⑥保持振捣器清洁,避免混凝土粘结在电动机外壳上妨碍散热,若发现温度过高,应停歇降温后再使用。

⑦对于墙面气泡较多的情况,振捣时应全面排出气泡,注意"快插慢拔",直到表面不再出现气泡,模板表面应保持清洁。

⑧严格控制混凝土塌落度,防止混凝土离析,避免墙面出现蜂窝、麻面等缺陷。

(八) 钢结构吊装的安全措施

1. 吊装设备检查与人员资质

对所有用于提升作业的挂钩、挂环、钢丝绳、铁扁担等关键部件进行定期检测、检查、标定,并根据检查结果进行必要的更换和验收。吊装作业前,需再次对起重机具进行全面检验,确保钢绳、卡具等符合规格要求且无损伤。所有起重指挥及操作人员必须持有相应资格证书,方可上岗作业。

2. 构件起吊安全控制

构件起吊时，需确保构件保持水平状态，均匀离开平板车或地面。起重吊钩应位于构件重心的正上方，确保钢绳均匀受力，构件吊点牢固可靠，无滑落现象。起钩操作需由地面人员统一指挥，塔机操作员应严格服从地面专职指挥员的口令。严禁施工人员站在构件上进行吊装作业。

3. 高空作业安全规范

高空作业人员应配备专用工具袋，将小型工具、零配件等物品妥善存放于工具袋内，避免放置在钢梁等易失落的位置。所有手动工具（如榔头、扳手、撬棍等）应穿上绳子并套在安全带或手腕上，以防失落伤人。高空与地面之间的通信应统一使用对讲机进行联络，严禁直接喊话，确保通信畅通无阻。

4. 吊装辅助设施安全要求

钢爬梯、吊篮、钢平台等吊装辅助设施需设计合理、轻巧牢靠、实用性强。制作过程中应确保焊接牢固，并经过严格检查验收合格后，方可投入使用。使用过程中应按规定正确使用这些辅助设施，确保作业安全。

5. 夜间吊装作业安全

夜间进行吊装作业时，必须保证作业区域有足够的照明设施。构件不得悬空过夜，如遇特殊情况需悬空过夜，必须报经主管领导批准，并采取切实可靠的安全防范措施，确保夜间吊装作业的安全进行。

（九）高强螺栓施工注意事项

1. 安全隔离与区域管理

在施工区域周围拉设明显的警戒线，并由安全员进行定期巡视，确保施工区域的安全隔离。同时，应尽量避免高空作业与下方工作区域的交叉作业，以减少潜在的安全风险。

2. 个人防护装备要求

所有现场施工人员必须正确佩戴安全帽和防护手套，以保护头部和手部安全。对于高强螺栓的施拧人员，还需额外佩戴防护眼罩和耳塞，以防止眼部受伤和听力受损。

3. 终拧作业安全规范

在高强螺栓终拧过程中，被拧螺栓的栓头面和螺杆延伸线处严禁站人。这是因为螺杆在终拧过程中有可能因承受过大扭矩而断裂弹出，对周围人员构成威胁。

4. 高空作业工具管理

高空作业时使用的扳手、螺栓梅花头等小件工具必须采取措施进行固定，或放入专用工具袋中，以防止其在作业过程中坠落伤人。这要求施工人员在使用这些工具时，必须严格遵守操作规程，确保工具的安全使用。

5. 作业现场清理

高空作业完毕后，施工人员必须及时清理现场遗留的螺栓、螺母及其他小件物品。这是为了防止这些物品在大风等恶劣天气条件下被刮落，确保施工现场的安全整洁。

（十）焊接施工注意事项

1. 焊接设备安全接地

焊接设备的外壳必须实施有效的接地或接零处理，以确保设备在作业过程中的电气安全，防止因设备漏电而导致的触电事故。

2. 焊机安全配置

每台焊机前应设置独立的漏电保护开关，实现"一机、一闸、一漏电开关"的配置，以增强焊接作业的安全保障，避免电气故障引发的安全隐患。

3. 焊接线路与工具绝缘

焊接电缆、焊钳及其连接部分必须保持良好的接触，并具备可靠的绝缘性能。这是为了防止电流泄露或短路，确保焊接过程中的电气安全。

4. 焊工个人防护

焊工在工作时必须穿戴齐全的防护用品，包括工作服、手套和胶鞋等，且这些防护用品应保持干燥和完整。这些措施旨在保护焊工免受焊接过程中产生的火花、热量和有害气体的伤害。

5. 作业环境安全

焊接工作场所周围 5m 范围内严禁存放易燃、易爆物品。这是为了预防焊接作业中可能产生的火花或高温引发火灾或爆炸事故，确保作业环境的安全。

（十一）钢结构涂装安全规范

1. 防火安全措施

涂装现场严禁堆放易燃物品，并远离易燃物品仓库，严禁烟火。现场应配备消防水源和充足的消防器具，并设置明显的防火宣传标识，以强化防火安全意识。

2. 电气安全与防静电措施

涂装施工使用的设备和电气导体必须接地良好，以防止静电集聚引发火灾或爆炸。禁止用铁棒等金属物品敲击金属物体和漆桶，避免产生火花。

3. 除锈作业安全

除锈操作人员需检查喷枪、喷嘴、风管及相关机具的完好性，确保作业安全。在除锈过程中，操作人员应佩戴防护面罩、防尘面罩等保护用品，以防止金属粉尘对身体的伤害。

4. 涂装作业个人防护

涂装操作人员应避免吸入溶剂蒸汽，眼睛、皮肤不得直接接触涂料。在涂装施工过程中，操作人员必须穿戴好各种防护用具，如防护眼镜、防护手套、防护服等。

5. 应急处理措施

当眼睛或皮肤不慎接触涂料时，应立即采取应急处理措施。眼睛接触涂料时，应立即用大量清水清洗，并尽快送医治疗；皮肤接触涂料时，应用肥皂水或适当的清洁剂彻底清洗。

6. 通风与排气系统

涂装车间应设置排风装置，被污染的空气在排出前需经过过滤处理。排气风管应高出屋顶1m，以减少对周围环境的影响。

7. 空气流通与作业布局

在涂装车间施工时，吸入新鲜空气点与排废气点之间的水平距离应不小于10m，以保证作业环境的空气质量。

8. 涂料选择与施工方式

对于毒性大、有害物质含量高的涂料，禁止采用喷涂法施工。使用新油漆材料前，应先进行试验，确认符合设计要求后再进行施工。

9. 废弃物处理

严禁向下水道倾倒溶剂和涂料。废油桶、废油漆应设置专门堆放地点，不得随处乱堆乱放，以避免环境污染。

10. 废弃物储存与处置

擦过溶剂和涂料的棉纱、旧布等应存放在带盖的桶内，并定期按规定进行处理，以防止火灾等安全隐患。

(十二) 安全用电技术措施

1. 临时用电管理规范

临时用电系统需实行三级配电制度，即设立总配电箱、分配电箱及开关箱进行配电管理。同时，实施两级保护策略，在总配电箱和开关箱中分别安装漏电保护器，以提供双重安全保障。开关箱的设计需遵循"一箱、一机、一闸、一漏"的原则，即每个开关箱仅供一台用电设备使用，并配备独立的断路器、漏电保护器，且需具备门锁、防雨防尘功能。电箱的安置位置需合理，确保其周围环境整洁，无杂物堆积，以维护用电安全。

2. 漏电保护器设置要求

①在施工现场，必须逐级安装漏电保护装置，实施分级保护策略，以构建一个全面、可靠的漏电保护系统，确保用电安全。

②开关箱作为用电设备的直接控制点，必须内置漏电保护器。此外，施工现场的所有用电设备，在进行保护接零的同时，还需在设备负荷线的起始端安装漏电保护器，

以提供额外的安全保障。

③漏电保护器的安装位置至关重要。为确保其有效工作，漏电保护器应安装在配电箱电源隔离开关的负荷侧，以及开关箱电源隔离开关的负荷侧。这样的布局能够确保在电源异常时，漏电保护器能够迅速切断电路，防止电流泄漏或短路等安全隐患的发生。

3. 配电箱、开关箱的设置规范

①分级配电系统。施工现场应设置室外总配电箱和室外分配电箱，形成分级配电系统。为保证用电安全及管理的便利性，动力配电箱与照明配电箱宜分别进行设置。

②开关箱配置原则。开关箱应由末级分配电箱进行配电。遵循"一机一闸"的原则，即每台用电设备应配备独立的开关箱，严禁使用同一开关电器直接控制两台或两台以上的用电设备，以防止过载或短路等安全隐患。

③配电箱位置布局。总配电箱应设置在电源附近，便于电源的接入与管理。分配电箱则应安装在负荷相对集中的区域，以缩短线路距离，减少电能损耗。分配电箱与开关箱之间的距离不得超过30m，便于电能稳定传输。同时，开关箱与其所控制的固定式用电设备之间的水平距离应控制在3m以内，便于操作与维护。

④进出线口设置。配电箱、开关箱中的导线进线口和出线口应统一设置在箱体的下底面，严禁将其设置在箱体的上顶面、侧面、后面或箱门处，以避免导线受到外界环境的损害或造成安全隐患。

⑤箱体外观与防护。配电箱、开关箱的箱体应保持外观完整，箱体外应涂刷安全色标，并统一进行编号，以便于识别与管理。对于固定式配电箱，应设置围栏，并采取防雨、防砸等措施，确保其安全运行。同时，配电箱、开关箱的安装应端正、牢固，移动式箱体则应安装在坚固的支架上，以防止因箱体晃动或倾倒而造成的安全事故。

4. 室内导线的敷设及照明装置

①室内导线敷设。室内配线须采用绝缘铜线或铝线，使用瓷瓶、瓷夹或塑料夹固定，距地高度不小于2.5m。

②进户线安装。进户线在室外用绝缘子固定，穿墙需套管保护，距地高度大于2.5m，室外设防水弯头。

③金属外壳灯具。金属外壳灯具需进行保护接零，配件使用镀锌件。

④灯具安装高度。室外灯具安装高度不小于3m，室内灯具不小于2.4m。插座接线需符合规范。

⑤用电设备与灯具控制。用电设备和灯具的相线须经开关控制，禁止直接引入灯具。

⑥移动式碘钨灯照明。使用密闭式防雨灯具，金属部分良好接零，手持部位采取绝缘措施。

⑦潮湿场所照明。采用防水灯具，行灯和低压灯变压器装于电箱内，符合户外电

气安装要求。

5. 电焊机的使用

使用电焊机时，需为其单独配置开关，并实施电焊机外壳的接零保护措施。电焊机需采取防埋、防浸水、防雨、防砸等安全措施。对于交流电焊机，应配备专用的防触电保护装置。同时，在电焊机的开关箱内，应安装电源测漏电保护器和把线测漏电保护器，以提高使用安全性。

6. 手持电动工具的使用

选用手持电动工具时，应遵循国家标准，优先采用Ⅱ类、Ⅲ类绝缘型工具，以确保电气安全。使用前，应检查工具的绝缘状况、电源线、插头及插座的完整性，避免存在破损或裸露情况。电源线不得随意延长或替换，以保证电气连接的稳定性。手持电动工具的维修与检查工作应由专业人员负责，确保工具始终处于良好状态。

(十三) 氧气、乙炔使用安全规范

1. 操作人员资质与设备检验

氧焊与气割操作人员必须持有相应资格证书方可上岗。气瓶、压力表及焊枪、割刀等设备在使用前需经过严格检验，确保安全性能。氧乙炔瓶上必须配备防止回火装置、减震胶圈和防护罩，以增强使用安全性。

2. 气瓶存放与间距要求

乙炔瓶和氧气瓶在存放和使用时严禁平放，两者之间的距离应保持在 3m 以上，同时与易燃易爆物品或明火源的距离不得少于 10m，以降低安全风险。

3. 防晒措施

为防止气瓶在阳光下暴晒引发爆炸事故，应采取搭设遮阳棚架、在瓶身铺盖厚帆布等有效措施进行防晒处理。

4. 胶管使用与点火规范

氧气胶管应为黑色，乙炔胶管应为红色，两种胶管不得互换使用，且需确保胶管无磨损、轧伤、刺孔、老化、裂纹等缺陷。焊枪、割枪应使用专用点火器进行点火，严禁使用普通火柴，以防止人员烧伤事故发生。

5. 作业环境与安全检查

操作人员应在通风良好的环境中进行作业，作业现场严禁存放模板、木方、锯屑、编织袋等易燃物品。在作业过程中，火焰不得对准周围人员。作业完毕后，应对现场进行全面检查，确保无未熄灭的火星或焊花存在，以保障作业安全。

(十四) 消防保证措施

1. 消防管理措施

①严格按照当地的消防法律法规执行，确保在施工前办理好消防安全许可证，并

配备专职消防安全员进行现场监管。

②易燃易爆物品应由专人负责管理，按照物品性质进行分类存放，并设置专用库房。使用这些物品时，要遵循相关操作规范，并采取有效的防火措施，防止火灾事故发生。

2. 消防设备布置与检查

开工前根据施工的总平面布置和建筑的高度，合理设置消火栓、灭火器及其他消防设施。重点区域如库房、木工房、施工现场的各楼层及生活区，应配备足够的消防设备，指定专人负责管理和定期检查，确保设备功能正常。在寒冷季节，对消防栓和灭火器进行防冻处理，避免低温对设备造成损坏。

3. 现场禁烟管理

为了避免火灾隐患，施工现场要严格执行禁烟制度，发现违章吸烟者要依法严肃处理。设置专门的吸烟区，并在吸烟区配备灭火器和水桶等灭火设施，确保安全。此外，要加大对现场员工的防火教育和管理力度，明确吸烟区域与禁止吸烟区域的划分。

4. 施工阶段的防火重点

在不同的施工阶段，防火工作的重点应有所不同。在结构施工阶段，电焊作业和临时照明设备的防火要特别注意，作业时需严格执行安全用火制度。所有涉及热作业的设备，如焊接、切割、打磨机等，都必须做好有效的防火隔离和灭火措施。

5. 消防通道保障

施工现场的运输道路必须同时作为临时消防车道使用，确保在发生紧急火灾事故时，消防车能够迅速进入现场进行灭火。保持所有消防通道畅通无阻，不得随意占用或堆放物品，以免影响消防车辆通行。

6. 防火安全教育与值班制度

新进场的施工人员必须接受防火安全培训，学习并了解消防设施的使用方法和紧急情况下的应急处理程序。施工现场的消防安全值班人员应安排24小时轮流值班，全天候监控消防设施的状态，确保"四防"工作（防火、防盗、防爆、防汛）落实到位。

（十五）安全应急预案

1. 应急预案响应

当施工现场发生任何事故或潜在事故时，现场人员需立即向应急救援组组长或现场生产经理报告，或联系外部应急响应单位进行处理。以下情况应特别关注：

（1）人员伤害

任何人员伤害事故发生时，现场人员要迅速评估伤情，并在最短时间内将伤员送往医疗机构进行救治。同时，其他人员应协助医疗团队开展急救，避免伤情进一步恶化。

（2）火灾或因爆破引起的火灾

如现场发生火灾，应立刻启动灭火设备，使用灭火器、消防栓等工具进行扑灭，火势无法控制时，应立即疏散现场人员。消防通道应保持畅通，避免滞留任何人员。

（3）车辆交通事故

施工现场若发生交通事故，现场负责人要快速评估事故后果，并启动紧急救援程序，迅速联系医院或急救中心。确保事故处理不影响施工进度，并采取有效措施疏导交通。

（4）燃油泄漏

在燃油泄漏的情况下，工作人员要快速判断泄漏源，并及时采取隔离措施，避免泄漏的燃油蔓延。使用适当的吸油材料吸收泄漏的油品，避免火灾或环境污染的风险。

2. 人员伤害事故急救措施

（1）轻微伤害处理

如果伤者的行动未受到重大限制，且伤势较轻，身体无明显不适，能够站立和行走，现场人员应将伤者及时转移至安全区域。然后，采取措施消除或控制现场的其他危险因素，防止事态扩大。接着，安排车辆将伤者送往医院进行进一步的检查和评估。

（2）伤势较重的急救处理

当伤者的行动受到限制时，应立即将其从事故现场转移至安全区域，避免二次伤害。在确保伤者安全后，根据具体伤情进行急救措施，如止血、固定伤肢、保持伤者体温等，直到专业救护人员到达。

（3）止血处理

如果伤者出现持续性出血，在场人员应迅速使用现场配备的急救药品进行止血，如绷带、止血带或止血粉等。如果止血效果不显著，立即联系医疗救援并用车将伤者送往医院进行进一步治疗。

（4）重伤急救

若伤者出现严重伤情，如昏迷、呼吸停止或心跳停止等症状，现场人员应立即进行人工呼吸或心肺复苏等急救操作，并在急救过程中立刻拨打急救电话或联系救护车，确保伤者能在最快时间内送往医院接受治疗。

3. 车辆交通事故

若现场发生车辆交通事故并造成人员受伤害时，在场人员应立即采取如下措施：①立即将伤员从车内转移至安全区域。②对伤者进行急救。③通知主管生产经理前往处理事故。

4. 火灾

（1）机动车辆火灾处置

如果机动车辆在行驶或工作状态下发生火灾，驾驶员应立即停车并熄火，防止火势蔓延。接着，驾驶员应使用车上配备的灭火器进行初步灭火处理。在确保火灾已被初步扑灭后，及时向主管经理报告火灾情况及损失。

（2）燃油库或爆破器材库火灾

若燃油库或爆破器材库发生火灾，现场人员必须立即组织全体人员迅速撤离火灾区域，并确保撤离路线畅通。所有人员必须避免返回火场，以免遭遇次生灾害。

（3）火灾危险评估与初步灭火

撤离后，应由一名经验丰富的现场人员迅速评估火场是否存在爆炸危险。若确认无爆炸风险且人员具备灭火能力，可以立即进行扑灭工作。在此情况下，现场人员应使用配备的干粉灭火器或消防砂等灭火器材进行灭火。同时，派人员向应急救援组及主管生产经理报告火场情况，并确定是否需要支援力量。

（4）无法扑灭大火时的应急响应

如果火势蔓延且现场人员无法控制火情，应立即拨打火警电话，向专业消防队求援。如实向消防部门详细说明火灾现场的状况，包括火灾位置、火势规模以及现场可用的灭火设备等信息。

（5）持续监控与安全保障

在等待消防队到达的过程中，现场人员应继续观察火势变化，防止火势蔓延，并采取有效措施确保火灾不会对周围区域造成更大损害。消防队员到达后，现场人员应提供必要的配合，协助其尽快完成灭火作业。

5. 爆炸事故

当库存或现场使用的易爆器材发生爆炸时，在场人员应立即采取以下措施：

①检查现场是否有人员受伤，如有，立即采取急救措施。

②组织在场人员迅速撤离到安全区域。

③判断现场是否存在二次爆炸的风险，如果没有，通知应急救援小组和主管生产经理到现场处理。

④如果存在二次爆炸的风险，立即拨打报警电话，通知消防队进行处理。

6. 应急救援程序

应急救援组接到事故通知后，立即赶赴现场，并快速采取以下行动：

①撤离和疏散可能受到影响的人员，及时将现场的危险品、易燃物品及设备等转移到安全区域。

②清理障碍物，确保场内外道路畅通，指引救护车和消防车通行；若是夜间，应在现场设置足够的临时照明设备。

③协助医护人员救治伤员，将伤员安全送上救护车；同时，为消防队员指引最近的消防水源，并协助灭火，防止火势蔓延。

④加固存在倒塌风险的建筑和设施，用警戒带或绳索封锁事故区域，并竖立警告标识，夜间使用声光报警设备警告无关人员远离。

⑤根据需要，为参与救援、处理事故的人员提供安全防护装备（如橡胶手套、防

护靴、防毒面罩等），确保人员的安全。

　　⑥事故处理完毕后，应急救援组需清理事故现场，消除可能对人员或环境造成二次伤害的隐患。

　　⑦事故处理后，组织或协同上级主管部门对事故进行调查，并形成书面记录进行备案，同时将事故报告的复印件提交给上级主管部门。

第六章　装配式木结构建筑的模块化施工

第一节　装配式木结构建筑基本知识

一、装配式木结构组件

装配式木结构组件是由工厂预制、现场组装而成，具有单一或复合功能的建筑构件。木结构组件是构建装配式木结构建筑的基本单元，通常包括预制柱、梁、墙体、楼盖、屋盖、木桁架、空间组件等多种类型。

在此体系中，部品指的是由工厂生产并构成建筑外围护系统、设备管线系统和内装系统的单一或复合功能单元，诸如模块化的卫生间单元等，均属于此范畴。

二、装配式木结构建筑的优点

（一）强力保温，有效节能

木结构建筑具有卓越的节能特性，无论是在使用阶段还是生产阶段都能显著降低能耗。尤其在寒冷地区，木结构建筑的能耗较轻钢和混凝土结构低，且在温和气候下也表现出更低的能耗。木材的热绝缘能力远超混凝土和钢材，有助于减少建筑在制冷和取暖过程中的能耗。此外，木材来源于可持续的森林资源，其生产过程消耗的能源和水比钢材和混凝土少，且对环境的污染较小，因此木结构建筑被视为最具环保优势的建筑形式之一。

（二）设计灵活，节省空间

木结构建筑因其材质的灵活性，在定制结构和装饰性设计方面具有显著优势。与传统混凝土墙体相比，木结构墙体厚度减少约 20％，有效增加了室内空间。同时，电线、管道和通风系统等基础设施可以轻松地隐藏在地板、天花板和墙体内，使得设计更加简洁与高效。此外，木结构房屋可根据需求随时进行调整和扩展，无论是增建房间还是改变开口位置，均能方便地实现，满足居住需求的多变性。

（三）防火安全

尽管木材是易燃材料，但其燃烧特性具有天然优势。木材在燃烧时表面会形成一层焦炭层，这一层隔热层能有效保护内部木材，延缓结构破坏。相较于钢梁，木梁在火灾中能够保持更长时间的结构稳定性，而钢梁会在火灾初期因融化而失去承重能力。现代木结构建筑系统通过合理设计，结合阻燃材料（如石膏板）在内墙和天花板等部位使用，确保其具备较高的防火性能，符合建筑规范对结构和防火的严格要求。

（四）隔音、私密

现代木结构建筑在隔音和私密性方面表现出色。通过结合多种隔音材料和设计方法，木结构能够有效地减少噪音传播，保障空间的私密性。尤其在商业建筑和多户住宅中，良好的隔音设计至关重要，这种特性使得木结构建筑成为营造安静舒适环境的理想选择。

三、装配式木结构建筑的局限性

装配式木结构建筑虽有许多优势，但也存在一些局限性，具体表现如下：

（一）成本较高

与传统的混凝土或钢结构相比，木结构建筑的初期投入较大。木材的采购、加工和运输等成本通常较高，加之一些特殊的防火处理和隔音措施，也会增加建设成本。

（二）防火要求高

木材作为可燃材料，在防火方面的要求相对较高。虽然木结构本身具备一定的耐火特性，但在实际施工中，需要额外采取防火措施，如使用阻燃涂层、石膏板等材料来提高安全性，这无形中增加了建筑的复杂性和成本。

（三）适用范围有限

受到结构高度的限制，木结构建筑特别适用于低层或小型建筑。对于高层建筑或大跨度建筑，木材的强度和稳定性尚无法满足需求，因此其适用范围较为狭窄。

（四）依赖工厂化生产

木结构组件和部品需要在工厂进行预制，这要求由专业的制造工厂进行生产。这种生产模式在某些地区可能存在生产能力不足的问题，导致项目进度受限。

（五）服务半径受限

木结构建筑通常要求在较短的服务半径内完成设计、生产和运输。距离施工地点较远的地方，可能会面临运输成本高、工期延长等问题。

（六）运输条件限制

由于木结构组件体积较大、重量较轻，且通常是定制化生产，因此运输条件成为一个重要的限制因素。某些地区的交通条件可能无法满足大型组件的运输需求，影响施工进度。

（七）高协作需求

装配式木结构建筑涉及设计、生产、施工等多个环节，需要设计、生产和建造企业紧密合作。在项目实施过程中，各方需要密切协作，确保每个环节顺利对接，协作的工作量较大，增加了项目管理的复杂性。

四、装配式木结构建筑类型

现代木结构建筑按结构材料分类有以下四种类型：轻型木结构、胶合木结构、方木原木结构和木结构组合建筑。

（一）轻型木结构

轻型木结构是一种由小尺寸木构件和木基结构板材组成的建筑结构，通常采用规格材、木基结构板、工字形木搁栅等材料，构件间的中心间距不超过600mm。在其施工过程中，每层结构以平台形式搭建，构件间的连接多通过钉连接或金属齿板等方式实现。轻型木结构具有施工简便、材料成本低、抗震性强等优势，同时可在工厂预制部分构件，现场进行快速组装，适应不同的施工现场条件。

（二）胶合木结构

胶合木结构是一种以层板胶合木为主要承重构件的建筑形式，也称为层板胶合木结构。它包括正交胶合木（CLT）、旋切板胶合木（LVL）、层叠木片胶合木（LSL）和平行木片胶合木（PSL）等类型。胶合木结构可采用多种形式，如梁柱式、空间桁架式、拱式、门架式和空间网壳式等，适应不同的建筑需求。其连接多通过钢板、螺栓或销钉，需进行专门的节点计算。胶合木结构具有天然木材的外观和高强度、低重量的优势，能够实现复杂的形状和尺寸要求，且具备优良的抗震性、保温性和形状稳定性。此外，胶合木材料的热胀冷缩变形较小，能够减少裂缝和变形对建筑功能的影响，广泛应用于现代建筑中。

（三）方木原木结构

方木原木结构是以方木或原木为主要承重构件的建筑形式，通常用于单层或多层建筑中。作为普通木结构的一种形式，该结构在装配式木结构建筑的国家标准中被重新命名为方木原木结构。其常见形式包括穿斗式、抬梁式、井干式、梁柱式、木框架剪力墙结构等，且在一些情况下，也与其他材料的结构（如混凝土、砌体、钢）组合使用，形成混合结构。方木原木结构的构件通常在工厂加工好后进行预制，连接节点多采用钢板、螺栓、销钉或专用连接件来固定，确保结构的稳定性和耐久性。

（四）木结构组合建筑

木结构组合建筑是将木结构与其他材料（如钢结构、钢筋混凝土结构或砌体结构）结合使用的建筑形式。组合方式可分为上下组合和水平组合，具体选择取决于建筑的功能需求和设计要求。在上下组合中，通常采用钢筋混凝土作为下部结构，以提供更强的支撑力和稳定性。木结构主要用于上部结构，发挥其轻质、环保和美观的优势。此外，木结构也常用于现有建筑的平改坡屋面系统，或与钢筋混凝土结构结合，形成木骨架组合的墙体系统。通过这种组合，木结构能够充分发挥其独特优势，同时弥补单一材料结构的不足。

五、装配式木结构建筑的未来发展趋势

(一) 注重木材的天然属性

"天人合一"这一理念强调人与自然的和谐共生，反映了古代哲学家对自然与建筑关系的深刻理解。在现代建筑中，这一思想仍具有重要的指导意义，尤其是在木结构建筑的设计与选材上。随着社会经济的快速发展，生态环境的恶化与能源危机日益严重，绿色建筑成为人们日益关注的主题。在这样的背景下，木材作为一种可再生资源，其自然属性与环保优势使得木结构建筑成为当下绿色建筑的重要代表。

木结构建筑不仅从技术层面体现出对自然资源的合理利用，更从文化角度传递了对自然的尊重与依赖。木材是大自然的馈赠，是人类情感的寄托，代表着人们对自然的深厚情感与回归自然的向往。因此，木结构建筑在设计中强调与自然环境的和谐融合，充分利用当地的地形和气候特点，确保建筑与周围环境相得益彰。通过合理的设计与规划，木结构建筑能够与环境无缝对接，形成一个统一、和谐的整体，不仅保护了环境，还让建筑成为自然的一部分，达到生态建筑与自然环境相辅相成的理想状态。

(二) 挖掘木材的结构潜力

随着现代木结构建筑技术的不断发展，木材作为建筑材料的潜力被愈加挖掘。产业化体系的创新和新型材料技术的研发，推动了木结构在大型公共建筑中的应用。此外，多种结构形式的结合与木结构的复合应用，极大地扩展了木材的适用范围和功能。复合结构形式在克服木结构传统局限性的过程中尤其发挥了重要作用。

例如，钢木复合结构在大跨度建筑中展现了出色的优势，成为木结构与其他建筑材料结合的典型代表。这种结构方式不仅提高了木结构的应用范围，还有效避免了木材本身所存在的强度和跨度上的不足。而胶合木技术则在一定程度上弥补了天然木材的局限性，但它仍然无法完全解决木结构造型和结构性能的限制。

为了进一步提升木结构的适用性，复合结构形式被广泛采用，特别是钢材与木材的结合，开辟了新的可能性。钢木复合结构使得木结构在大跨度建筑中具备了更强的支撑能力和灵活性。新型胶合木与钢结构的融合，不仅简化了施工流程，还通过厂家预制、现场组装的方式提高了效率。关键节点的钢构件配合使用，也使得木结构的稳定性和耐久性得到了显著提升。如今，钢筋混凝土、钢结构与木结构的结合，已成为当代复合木结构的主流模式，进一步推动了木结构在公共建筑、大跨度建筑中的广泛应用。

(三) 提升环境的协调力

1. 触觉环境学特性

木材是一种天然的多孔性材料，具有低导热性，触感温暖且舒适。由于其热传导系数接近人体的基础代谢温度，人们与木材接触时常常感到更为自然和亲切。此外，木材在外力作用下能发生形变，但在外力去除后会恢复原状，这种弹性和韧性使木材

在使用中更加耐久与稳定。这些物理特性让木材不仅在功能上表现出色，也给予人们心理上的舒适和安全感。

2. 视觉环境学特性

人们对木材的使用偏好与其视觉特性密切相关，尤其是木材的纹理、光泽度和材质等物理属性，它们共同作用于木材的视觉环境特征。研究表明，室内木材的使用率直接影响人们的视觉心理感受。当木材使用率不超过 45％时，室内环境的自然感、温暖感、上乘感和稳定感等情感体验会随着木材比例的增加而增强。而当木材使用率超过 50％时，这些感受的提升幅度则逐渐减小，表明适度的木材使用最能调动人们的视觉和心理舒适度。

（四）　生态型与环保意识结合

从可持续发展的角度来看，木材是一种理想的生态建材，因其在所有建筑材料中初始能量消耗最低，对环境的负面影响几乎可以忽略不计。未经加工的木材不仅能被回收利用，还具备较强的再生能力。永续建筑是可持续建筑理念的延伸，特别是在我国 70％的农村人口中，永续建筑为提升这一人群居住环境质量提供了有效途径。将环保与可持续发展的理念引入农村建筑设计，是现代建筑发展的重要方向。木结构建筑虽被视为低技术建筑，但其充分展现了高技术特性，体现了简单材料与创新设计的完美融合。

建筑能耗问题已成为全球共同关注的话题，无论是从环保角度还是从节能角度，木材都符合绿色建筑材料的标准。如何在木结构建筑中科学地利用木材资源，并与生态环境无缝融合，成为当今建筑设计领域的重大课题。在建筑设计中，外墙和屋顶的通风与采光设计至关重要，合理的设计不仅可以优化建筑的能效，还能减少木材的使用量。此外，优化室内采光系统和循环系统，也是实现可持续建筑的重要步骤。

第二节　装配式木结构材料

一、木材

装配式木结构建筑的结构木材包括方木、原木、规格材、胶合木层板、结构复合材和木基结构板材。选用时按国家木材选用标准、防火要求、木材阻燃剂要求和防腐要求等执行。

（一）　方木和原木

对于方木和原木，应根据相关规范中列出的树种进行选择。对于主要承重构件，建议使用针叶材；而对于重要的木制连接构件，应选择细密、直纹、无节和无其他缺陷、耐腐性较强的硬质阔叶材。

在设计方木和原木结构构件时，应根据其主要功能和用途，选用符合相应材质等级的木材。如果使用进口木材，应特别注意选择天然缺陷和干燥缺陷较少，且具备较好耐腐性能的树种。对于首次使用的树种，必须遵循"先试验后使用"的原则，以确保木材在实际应用中的安全性和可靠性。

（二）规格材

规格材是指经过加工后，尺寸符合特定标准的木材，通常包括宽度、高度和厚度等方面的规定尺寸。这些木材在工厂预先加工好，确保其尺寸精确，便于在建筑施工中使用。规格材通常用于木结构建筑的框架、墙体、楼盖等部位，可以提高施工效率，减少现场加工工作量，同时也有助于确保结构的稳定性和质量。

（三）木基结构板、结构复合材和工字形木搁栅

1. 木基结构板

木基结构板包括结构胶合板和定向刨花板，主要应用于屋面板、楼面板和墙面板等部位。这些材料因其良好的承载能力和稳定性，能够有效分担结构荷载，提升建筑的整体性能。

2. 结构复合材

结构复合材是一类由不同材料组合而成的复合结构材料，专门用于承受荷载。结构复合材通常应用于梁、柱等主要承重构件，通过将木材与其他材料结合，增强其强度和耐用性，确保建筑的安全性和稳定性。

3. 工字形木搁栅

工字形木搁栅由结构复合木材作为翼缘，定向刨花板或结构胶合板作为腹板，通过耐水胶黏剂进行连接。这种结构形式常用于楼盖和屋盖中，其工字形设计可以有效提升承载力，同时减轻自重，是现代木结构中重要的构件类型之一。

（四）胶合木层板

胶合木层板的原料主要选用针叶松，不同类型的胶合木层板具有各自的特点和应用。具体包括以下几种类型：

1. 正交胶合木

正交胶合木由至少三层软木规格材胶合或通过螺栓连接而成，其特点是相邻层的顺纹方向互相正交垂直排列。正交胶合木具有较高的强度和稳定性，常用于建筑的墙体、楼面及屋顶等大跨度结构。

2. 旋切板胶合木

旋切板胶合木以云杉或松树为原料，旋切成单板后叠合而成，常用于制作板材或梁。旋切板胶合木具有较高的均匀性和强度，适合承受较大的弯曲力和压力。

3. 层叠木片胶合木

层叠木片胶合木由防水胶黏合约 0.8mm 厚、25mm 宽、300mm 长的木片单板组

成。根据木片的排列方式，层叠木片胶合木可分为两种类型：一种是木片的长轴方向一致，适用于梁、椽、檩和柱等承重构件；另一种是部分木片的短轴方向一致，适用于墙、地板和屋顶等非承重部分。

4. 平行木片胶合木

平行木片胶合木用约 3mm 厚、15mm 宽的单板条制成，这些单板条通过酚醛树脂黏合，长度可达到 2.6m。平行木片胶合木适用于大跨度结构，常用于大型建筑项目中，提供极高的强度和稳定性。

5. 胶合木

胶合木通过将花旗松等针叶材的规格材叠合在一起，形成大尺寸的工程木材。胶合木具有优异的力学性能，能够用于大跨度梁、柱等结构，在现代木结构建筑中应用广泛。

（五）木材含水率要求

木材的含水率直接影响其在建筑中的使用性能，因此不同木构件的含水率要求有所不同，以保证结构的稳定性和耐久性。以下是各类木材和木构件的含水率要求：

1. 现场制作的方木或原木构件

木材的含水率不得超过 25%，以防止构件在施工过程中因含水率过高而发生收缩或变形。

2. 板材、规格材及工厂预制的方木

含水率应控制在 20% 以内，过高的水分含量可能会影响木材的结构强度和粘接性能。

3. 方木原木受拉构件的连接板

连接板的含水率应不大于 18%，以确保在受力时不发生过度变形或结构松动。

4. 作为连接件的木材

连接件所用木材的含水率要求更为严格，需控制在 15% 以内，以提高其长期承载力和稳定性。

5. 胶合木层板与正交胶合木层板

其含水率应控制在 8%～15%，且同一构件的各层板之间含水率差异不得超过 5%，以保证整体的粘接强度和稳定性。

6. 井干式木结构构件

若采用原木制作，含水率不应超过 25%；若为方木制作，则不超过 20%；而胶合木材的含水率应不超过 18%。

这些含水率标准有助于确保木材的干燥处理充分，避免在使用过程中因水分变化而导致的变形、开裂或强度降低，从而确保木结构的长期稳定性与安全性。

二、钢材与金属连接件

(一)钢材

钢材是由钢锭或钢坯通过轧制等工艺加工后制成的成品,广泛用于各类建筑结构、机械、交通工具等领域。根据不同的化学成分、性能要求和应用领域,钢材可以分为多种类型,如碳素结构钢、低合金高强度结构钢、工具钢、轴承钢、建筑结构用钢、桥梁用钢等。

1. 主要特性

钢材具有优异的机械性能,尤其是高强度和良好的韧性,是建筑结构和工业生产中不可缺少的材料。其主要特性包括:

(1)高强度与耐久性

钢材的强度较高,可以承受较大的荷载,在多种建筑结构中被广泛应用。其抗拉强度和抗压强度远超木材和混凝土。

(2)良好的可焊性与可加工性

钢材具有良好的焊接性能,适合用于复杂结构的连接。其可加工性也较强,可以根据设计要求加工成各种形状。

(3)抗腐蚀性

部分特殊钢材(如不锈钢)具有较强的抗腐蚀能力,但大多数普通钢材在长期暴露于湿气、盐雾等环境下可能发生锈蚀,因此需要进行防腐处理。

(4)延展性与塑性

钢材具有较好的塑性,可以进行各种冷加工和热加工,能够满足复杂的设计需求。

(5)热膨胀性

钢材在温度变化时会膨胀或收缩,设计时需考虑这一因素,尤其是在高温环境下的应用。

2. 钢材的生产与加工

钢材的生产过程涉及多个步骤,主要包括以下几个环节:

(1)钢铁冶炼

钢铁生产始于矿石的冶炼,常见的冶炼方法包括高炉冶炼和电炉冶炼。通过冶炼,铁矿石中的杂质被去除,得到纯净的铁液,再经过合金元素的添加形成不同类型的钢。

(2)轧制加工

冶炼出的钢液经过铸造、轧制等工艺形成所需的钢材形态。轧制过程中,钢坯经过反复压制,逐渐形成所需的型钢、钢板、钢管等。

(3)热处理

钢材经过热处理(如退火、正火、淬火等)调整其内部结构,改善钢材的力学性能和抗腐蚀性能。

（4）表面处理

钢材的表面通常经过镀锌、喷涂、热处理等工艺处理，以提高其抗腐蚀性和外观。

（5）加工与成型

经过轧制和热处理的钢材可以进一步加工成所需的型材、板材、管材等，经过切割、焊接、弯曲等工艺，制作成各类建筑结构构件和机械零件。

3.钢材的选购与存储

钢材的选购与存储需要根据其具体应用要求和环境条件进行科学规划。

（1）选购要求

选购钢材时，首先要明确其应用领域和具体用途。例如，建筑结构钢材需具备足够的强度、刚度和耐久性；而机械制造用钢则需要良好的加工性能和耐磨性能。需要根据工程设计要求，选择合适的钢材类型（如碳素钢、合金钢、不锈钢等），并参考相应的国家标准或行业标准。

（2）质量控制

选购钢材时，应向正规生产厂家购买，并索取相关的质量证明文件。钢材的质量应符合标准的力学性能要求，如抗拉强度、屈服强度等。

（3）存储要求

钢材应存放在干燥、通风的地方，避免直接与地面接触，以防止潮气引起锈蚀。存放时，钢材应按照规格分开堆放，并采取适当的防护措施，如使用防潮油或涂料。

（4）防锈处理

对于需长期存储的钢材，尤其是长时间暴露在室外的钢材，应采取适当的防锈措施，如涂刷防锈漆或进行热镀锌处理，以延长其使用寿命。

（二）螺栓

螺栓是常见的紧固件，由头部和螺杆组成，广泛应用于机械、建筑、交通等多个领域。螺栓的头部形状多样，常见的有六角头、圆头和方头等，便于使用工具进行紧固或松开。螺杆部分带有外螺纹，通过与内螺纹螺母结合，可以固定或连接物体，形成稳定的结构。在实际应用中，螺栓的材质、直径、长度和螺纹类型等都会根据不同的使用环境和承载要求有所不同，选择合适的螺栓能大大提升结构的安全性和稳定性。

（三）钉

钉子是一种小型金属固定件，通常由铁、钢等金属制成，具有尖锐的头部和细长的杆身。其设计形式多种多样，头部可以是圆头、平头或尖头，满足不同的使用需求。圆头钉子主要用于木工，它能够嵌入木材表面而不容易脱落；平头钉子则适合固定金属或硬质材料，其平整的头部不会突出或损坏表面；尖头钉子因易穿透材料，常用于临时固定或标记。

钉子的杆身可以是带螺纹或光滑的，带螺纹的钉子提供更强的抓地力，适用于承重或高强度固定场合；光滑杆身的钉子则易于穿透各种材料，广泛用于木工和家具制作等领域。根据用途和环境需求，钉子有不同类型，如普通铁钉、镀锌钉和不锈钢钉等。镀锌钉具备防腐能力，适用于户外或潮湿环境，而不锈钢钉以其卓越的耐腐蚀性和强度，常见于高端家具或长久耐用的固定需求。

（四）防腐

金属连接件和螺钉等固定物件应经过防腐处理，或者选用不锈钢等耐腐蚀性强的材料，这是为了保证它们在潮湿或恶劣环境下的长期使用性能。特别是与防腐木材直接接触的金属件，必须特别注意选择合适的防腐材料，因为某些防腐剂可能会引发金属腐蚀，进而影响结构的稳定性和使用寿命。因此，在设计和施工时，需仔细选择材料和处理方式，避免因金属与防腐木材的相互作用而导致的腐蚀问题。

（五）防火

对于外露的金属连接件，可以采取涂刷防火涂料等措施来提高其防火性能。防火涂料的涂刷工艺应严格按照设计要求或相关规范执行，确保涂层厚度、均匀性以及固化时间符合标准，以达到最佳的防火效果。防火涂料能够在高温环境下膨胀，形成保护层，有效延缓金属件的温升，减少结构材料在火灾中的受损程度，从而提升整体建筑的防火安全性。

三、结构用胶

结构用胶在业界常被简称为结构胶，是一种专为承受较大荷载而设计的胶粘剂。它不仅具备高强度、高模量和高弹性等显著特点，还具备耐老化、耐疲劳、耐腐蚀等优异性能，使得结构胶在各类承受强力的结构件粘接中得到了广泛应用。以下是对结构胶的详细解析，包括其主要特点、分类与应用、性能评估以及使用注意事项等方面。

（一）结构用胶主要特点

1. 高强度

结构胶凭借其出色的高强度性能，广泛应用于承受较大荷载的连接和固定。其压缩强度使其在承受垂直压力时保持形状不变，避免了变形或裂开的问题。同时，结构胶的钢与钢之间正拉粘接强度表现优异，能够替代传统的焊接与铆接技术，简化连接过程并减少施工成本。此外，结构胶的抗剪强度在受到剪切力时表现稳健，避免了因剪切作用造成的结构损坏，提升了整体连接的可靠性。

2. 优异的耐久性

结构胶具有优异的耐老化、耐疲劳和耐腐蚀特性，能够在长期使用过程中保持其性能稳定。耐老化性使得结构胶能够在自然环境中长期暴露而不出现显著性能退化，尤其是在阳光、雨水和风等自然条件下。耐疲劳性使得结构胶在经受反复荷载时能够保持较高的稳定性和耐久性，适应动态负载的变化。而耐腐蚀性使得结构胶在接触腐蚀性物质时不易发生性能衰退，能够应对恶劣环境下的挑战，延长使用寿命。

3. 广泛的适用性

结构胶能够在金属、陶瓷、塑料、橡胶、木材等多种材料之间实现强力粘接，这使其在不同领域的应用具有高度的灵活性和广泛性。与传统的焊接、螺栓连接等方式相比，结构胶不仅能简化连接过程，还能减少对复杂设备和人工的依赖，从而降低生产成本。此外，结构胶的使用能够有效提升生产效率，使得生产过程更加高效、精确。

（二）分类与应用

1. 高性能硅酮结构胶

高性能硅酮结构胶专为建筑幕墙设计，具有优异的黏结性、高模量和高弹性，能够有效连接玻璃、金属、石材等多种建筑材料。其高弹性使得在荷载和变形作用下，幕墙结构依然能保持稳定。凭借出色的耐候性和耐腐蚀性，这种胶粘剂适应各种极端环境，广泛应用于幕墙系统中，满足了现代建筑对耐久性和稳定性的需求。

2. 中性透明硅酮结构密封胶

中性透明硅酮结构密封胶广泛应用于建筑幕墙的玻璃结构粘结，凭借其透明性与美观性，能够与玻璃材料完美融合，确保视觉效果与结构功能兼顾。其耐候性和耐腐蚀性使其在长期使用过程中仍能维持优良性能，避免老化。这种胶粘剂不仅在建筑幕墙中表现卓越，也在太阳能光伏行业得到应用，保证太阳能电池板在使用过程中长期稳定，从而延长其使用寿命。

（三）性能评估与选择

在选择结构胶时，评估其性能至关重要，以下几个方面应特别关注：

1. 粘结强度

粘结强度反映了胶粘剂在连接两种材料时的承载能力。选择时需确保其粘结强度符合项目要求，尤其是在承受较大荷载的应用中。

2. 耐候性

耐候性衡量胶粘剂在不同气候条件下保持性能的能力，长时间暴露在外部环境下时，胶粘剂应能维持其初始性能，避免因紫外线、雨水等因素导致性能退化。

3. 耐腐蚀性

在恶劣环境下，结构胶需要具有良好的耐腐蚀性，防止与腐蚀性物质接触后性能下降，这对于海边或工业环境中的应用尤为重要。

4. 固化时间与固化温度

固化时间及温度是影响胶粘剂应用效率和施工质量的关键因素。选择合适的固化时间和温度要求可以确保胶粘剂的应用过程顺利，并达到预期的性能标准。

（四）使用注意事项

在使用结构胶时，需要特别注意以下几个方面，以维持其最佳性能：

1．储存条件

结构胶应储存在干燥、阴凉的环境中，避免阳光直射和高温条件，这有助于延长其使用寿命和保持稳定的性能。

2．施工环境

施工环境应干燥、清洁，并无油污、灰尘等杂质。此外，温度和湿度需要符合结构胶的要求，以保障其粘结效果。

3．施工工具与技巧

施工时，应选用合适的工具，并采取正确的操作技巧，确保胶粘剂均匀涂布，避免气泡或裂纹的产生。同时，应控制合适的压力与速度，以获得最佳粘接效果。

4．固化与养护

固化过程中，应避免外力冲击或振动的干扰。养护环境的温度和湿度应符合规定，这有助于胶粘剂达到最佳的固化效果和性能。

第三节　木结构的设计与构件制作

一、木结构的建筑设计

（一）适用建筑范围

装配式木结构建筑广泛适用于传统民居、特色文化建筑（如特色小镇等）、低层住宅、综合建筑、旅游休闲设施、文体建筑等类型的建筑项目。尤其在我国，装配式木结构建筑主要应用于三层及以下的建筑。国际上，装配式木结构建筑虽然以低层建筑为主，但也有应用于多层和高层建筑的实例，这显示了木结构在不同建筑高度中的潜力与发展空间。

（二）适用建筑风格

装配式木结构建筑具备很强的设计灵活性，可以轻松实现多种建筑风格。无论是追求自然风格的原始质感，还是经典的古典风格，抑或是现代简洁风格，装配式木结构都能自如地融入设计中。此外，它还能够创造既现代又自然的风格，甚至能够展现出具有雕塑感的设计，满足不同客户对建筑风格的个性化需求。

（三）建筑设计基本要求

装配式木结构建筑设计的基本要求包括：

①满足使用功能、空间、防水、防火、防潮、隔声、热工、采光、节能、通风等功能性要求。

②模数协调并采用模块化、标准化设计，且在设计过程中，考虑结构系统、外围护系统、设备与管线系统和内装系统的集成。

③支持工厂化生产、装配化施工、一体化装修与信息化管理，确保各环节顺利对接。

（四）平面设计

平面设计需要根据以下标准进行布置和尺寸规划：

①结构受力要符合相关设计要求。

②预制构件的尺寸与安装要求得到有效满足。

③各系统在平面布置中的集成性要求得到体现。

（五）立面设计

①立面设计应符合建筑类型和使用功能的要求，建筑高度、层高和室内净高应遵循标准化模数进行设计。

②设计中应遵循"少规格、多组合"的原则，结合木结构建造方式的特点，确保立面的个性化和多样性。

③立面设计建议采用坡屋面，屋面坡度宜设为1∶3～1∶4，屋檐四周的出挑宽度不应小于600mm。

④外墙面凸出物（如窗台、阳台等）应加强防水设计，避免水渗透。

⑤立面设计应追求规则、均匀，避免出现过大的外挑或内收设计。

⑥对于烟囱、风道等高出屋面的构筑物，应确保其与屋面的连接符合安全要求。

⑦木构件底部与室外地坪的高差应大于或等于30mm；若位于易遭虫害的地区，木构件底部与室外地坪的高差应大于或等于450mm。

（六）外围护结构设计

①装配式木结构建筑的外围护结构包括预制木墙板、原木墙、轻型木质组合墙体、正交胶合木墙体以及木结构与玻璃结合的设计，具体选型应根据建筑的使用功能和艺术风格来确定。

②外墙围护结构必须具备轻质、高强、防火和耐久性等性能，且要有足够的强度和刚度，能够承受地震和风荷载的作用，并满足相应的受力和变形要求。应根据装配式木结构建筑的特点选用标准化、工业化的墙体材料。

③外围护系统应包括支撑构件、保温材料、饰面材料、防水隔气层等集成构件，以满足结构、防火、保温、防水、防潮和装饰等多重功能需求。

④使用原木墙体作为外围护结构时，构件间应加设防水材料，特别是原木墙体底部与砌体或混凝土的接触位置，应设置防水构造。

⑤组合墙体单元的接缝和门窗洞口等防水薄弱部位应采用材料防水与构造防水相结合的方式：

a. 墙板的水平接缝宜采用高低缝或企口缝构造；

b. 墙板的竖缝可采用平口或槽口构造；

c. 当板缝空腔设置导水管排水时，应在板缝内侧增设气密条密封构造。

⑥当外围护结构采用预制墙板时，应满足以下要求：

a. 外挂墙板应采用合理的连接节点，确保与主体结构牢固连接，防止出现脱落或松动；

b. 预制墙板的拼接缝隙需要采用防水密封措施，以防止水分渗透；

c. 预制墙板的安装应考虑到施工的便捷性与工期，确保在装配过程中不影响其稳定性和整体美观。

⑦外围护结构的设计应考虑到外部气候环境，选用合适的材料与构造方式，以延长其使用寿命并减少后期维护成本。

⑧对于有较大风力或恶劣天气影响的地区，外围护结构应采取加固措施，增强其抗风、抗震的能力，保证建筑在极端天气条件下的稳定性。

⑨外围护结构的构造层应设置屋面通风层，包括防漏层、防水层或隔气层、底层架空层、外墙空气层。

⑩围护结构组件的地面材料应满足耐久性要求，并易于清洁、维护。

（七）集成化设计策略

1. 系统集成化

实施四个系统的集成化设计，旨在提升整体集成度、制作与施工的精确度以及安装效率，实现资源的最优配置和流程的高效协同。

2. 标准化与系列化设计

装配式木结构建筑部件及部品的设计应遵循标准化与系列化原则。在满足建筑基本功能的前提下，通过提高结构建筑部件的通用性，降低生产成本，促进部品部件的互换性和可替换性。

3. 稳固连接与构造优化

装配式木结构建筑部品与主体结构及建筑部品之间的连接需确保稳固牢靠，同时追求构造简单、安装便捷。连接处应强化防水、防火构造措施，并满足保温隔热材料的连续性、气密性等关键设计要求，以保障建筑的整体性能和居住舒适度。

4. 墙体部品拆分策略

墙体部品的水平拆分位置应设定在楼层标高处，而竖向拆分则宜根据建筑单元的开间和进深尺寸进行合理划分，以便于运输、安装及后续维护。

5. 楼板部品设计要点

楼板部品的拆分同样需依据建筑单元的开间和进深尺寸进行规划。设计时需充分考虑结构安全、防火性能及隔声效果，特别针对卫生间和厨房区域，还需加强防水、防潮措施，确保使用环境的干燥与卫生。

6. 隔墙部品功能性与构造要求

隔墙部品的划分应遵循建筑单元的开间和进深尺寸，同时需与主体结构实现稳固连接，满足不同使用功能的房间的隔声和防火需求。对于厨房、卫生间等潮湿环境，隔墙应满足防水、防潮标准。设备电器或管道与隔墙的连接需牢固可靠，且隔墙部品间的接缝应采用构造防水与材料防水相结合的综合措施，提升建筑的耐久性和居住品质。

7. 预制木结构组件细节处理

在预制木结构组件中预留的设备与管线预埋件、孔洞、套管、沟槽等应精心布局，避免位于结构受力薄弱位置。同时，需采取有效的防水、防火及隔声措施，确保建筑的整体性能和居住安全。

（八）装修设计指南

1. 一体化设计

室内装修应与建筑结构和机电设备实现一体化设计，采用管线与结构分离的系统集成技术，确保装修与建筑主体和谐统一。同时，建立建筑与室内装修系统的模数网格系统，以提高装修的标准化和精细化水平。

2. 工业化产品应用

室内装修的主要标准构件应优先采用工业化产品，以提高装修效率和质量。对于部分非标准构件，可在现场安装时统一处理，同时尽量减少施工现场的湿作业，以降低施工难度和成本。

3. 内隔墙材料选型

①应选用易于安装、拆卸且隔音性能良好的轻质内隔墙材料，便于灵活分隔室内空间。

②内隔墙板的面层材料应与隔墙板形成整体，以增强整体性和美观性。

③用于潮湿房间的内隔墙板和面层材料应具备防水性能且易于清洗，以适应特殊环境需求。

④装饰材料应满足防火要求，避免使用燃烧时产生大量灰烟或有毒气体的材料，确保居住安全。

4. 墙面覆面材料选择

轻型木结构和胶合木结构房屋的室内墙面覆面材料宜采用纸面石膏板。若选用其他材料，其燃烧性能技术指标应符合国家标准《建筑材料难燃性试验方法》的规定，以确保材料的安全性。

5. 厨房装修要求

厨房间墙面面层应为不燃材料，以提高厨房的安全性。非油烟机管道需进行隔热处理或采用石膏板制作管道通道，避免排烟管道与木材直接接触，减少火灾隐患。

6. 装修设计原则

①装修设计需满足工厂预制和现场装配的要求，装饰材料应具备一定的强度、刚

度和硬度，以适应运输和安装等需求。

②应充分考虑不同组件间的连接设计，确保装饰材料之间的稳固连接。

③优先采用工业化产品作为室内装修的标准构件，以提高装修的标准化和工业化水平。

④尽量减少施工现场的湿作业，以降低施工难度和成本。

7. 装修材料与预制构件连接

当建筑装修材料和设备需要与预制构件连接时，应充分考虑不同组件间的连接设计。优先采用预留埋件的安装方式进行连接，以确保连接的稳固性和安全性。若采用其他安装固定方式，需确保不影响预制构件的完整性和结构安全。

（九）防护设计

①装配式木结构建筑防水、防潮及防生物危害设计需遵循国家标准，明确防腐与防生物措施。

②预制木组件应在加工后进行防腐处理，避免现场二次切割。施工需防水防火，薄弱部位需双重保护，基础及周边需除虫。

③非严寒地区需防蚁害，原木墙体底部需做防白蚁处理，木构件与砌体混凝土接触部位也需药剂防护。

（十）设备与管线系统设计要点

①设备管道集中布置，预留标准化接口，便于安装与维护。

②预制组件需考虑设备与管线荷载，预留管道位置及预埋件，确保结构稳定。

③预留检修位置，便于后续维护与检修。

④高温管道通道采用不燃材料，并设通风措施，保障安全。

⑤冷凝管道通道用耐水材料制作，并通风，防止潮湿损害。

⑥推荐使用阻燃低烟无卤电线电缆，提升安全性能。

⑦预制组件内的电气设备需满足隔声防火要求，确保居住安全。

⑧防雷设计遵循国家标准，预制构件预留等电位连接位置，增强建筑防雷能力。

⑨考虑智能化需求，预留管线，消防控制线路设金属套管，保障智能系统稳定运行。

二、木结构的结构设计

（一）结构设计的一般规定

1. 结构体系要求

①装配式木结构建筑的结构体系需满足承载能力、刚度和延性的要求，以确保建筑在正常使用和极端条件下的稳定性和安全性。

②为提升结构整体性能，应采取加强结构整体性的技术措施，如增设连接件、使

用强化材料等，以增强结构部件之间的协同作用。

③结构应设计得规则、平整，确保在两个主轴方向的动力特性比值不大于10%，以减少结构在动态荷载下的响应差异，提高结构的稳定性和耐久性。

④结构应具有合理明确的传力路径，确保荷载能够顺畅、高效地传递到基础，避免应力集中和不合理分布导致的结构损伤。

⑤对于结构中的薄弱部位，应采取针对性的加强措施，如增设加固构件、使用更高强度的材料等，以提高这些部位的承载能力和稳定性。

⑥装配式木结构建筑还应具备良好的抗震能力和变形能力。通过合理的结构设计和材料选择，以及采用如隔震支座、耗能阻尼器等抗震措施，可以有效提升建筑的抗震性能，减少地震对建筑的破坏。同时，结构应具有一定的变形能力，以吸收和耗散地震能量，保护建筑主体结构不受损害。

2. 抗震验算

在装配式木结构建筑的抗震设计中，对于装配式纯木结构，多遇地震验算时阻尼比可取0.03，罕遇地震验算时阻尼比可取0.05。对于装配式木混合结构，可按位能等效原则来计算结构阻尼比，以确保结构在地震作用下的稳定性。

3. 结构布置

装配式木结构的整体布置应追求连续性和均匀性，避免抗侧力结构的侧向刚度和承载力在竖向发生突变。这需严格遵循现行国家标准《建筑抗震设计规范》的相关规定，以确保结构在地震中的稳定性和安全性。

4. 考虑不利影响

在装配式木结构的设计过程中，需采取有效措施来减小木材因干缩、蠕变而产生的不均匀变形、受力偏心、应力集中等不利影响。同时，还需考虑不同材料的温度变化、基础差异沉降等非荷载效应对结构的不利影响，确保结构在各种条件下都能保持稳定和安全。

5. 整体性保证

装配式木结构建筑构件的连接至关重要，必须确保结构的整体性。连接节点的强度应不低于被连接构件的强度，且节点和连接的设计应受力明确、构造可靠，满足承载力、延性和耐久性等要求。若连接节点具有耗能目的，则需进行特殊设计和考虑，以确保其在地震等极端条件下的稳定性和安全性。

6. 施工验算

①预制组件应进行翻转、运输、吊运和安装等短暂设计状况下的施工验算。验算时，应将预制组件自重标准值乘以动力放大系数作为等效静力荷载标准值。运输、吊装时，动力系数宜取1.5；翻转及安装过程中就位、临时固定时，动力系数可取1.2。

②预制木构件和预制木结构组件应进行吊环强度验算和吊点位置的设计。

（二）结构分析

①结构体系和结构形式的选用需依据项目特性，兼顾组件单元拆分的便捷性、组件制作的重复利用性，以及运输和吊装的实际操作可行性。

②结构计算模型的选择需基于结构实际情况，确保所选模型能准确反映各构件的实际受力状况。模型中的连接节点假设需与结构实际节点的受力情形相符。模型计算结果需经过分析和评估，确认其合理性和有效性后，方可用于工程设计。在结构分析中，需根据连接节点性能和构造方式来确定整体计算模型，可选用空间杆系、空间杆-墙板元等计算模型。

③对于体型复杂、结构布置复杂及特别的或严重不规则的多层装配式木结构建筑，建议使用至少两种不同的结构分析软件进行整体计算，以增加分析的全面性和准确性。

④在装配式木结构的内力计算中，可采用弹性分析方法。分析时，可根据楼板平面内的整体刚度，合理假设楼板平面内的刚性。若楼板平面内整体刚度足够，可视为无限刚性；若不足，则需考虑楼板平面内的变形影响。

⑤当装配式木结构建筑采用梁柱支撑或梁柱-剪力墙结构时，应避免采用单跨框架体系，以维护结构的整体稳定性和安全性。

⑥按弹性方法计算的风荷载或多遇地震标准值作用下的楼层，层间位移角应符合下列规定：a. 轻型木结构建筑不得大于 $1/250$；b. 多高层木结构建筑不大于 $1/350$。另外，轻型木结构建筑和多高层木结构建筑的弹出性层间位移角不得大于 $1/50$。

⑦装配式木结构建筑中抗侧力构件受到的剪力，对柔性楼盖和屋盖宜按面积分配法进行分配；对刚性楼盖和屋盖宜按抗侧力构件等效刚度的比例进行分配。

（三）组件设计

装配式木结构建筑的组件设计涵盖预制梁、柱、板式组件及空间组件等，集成方式需根据组件尺寸和运输吊装条件确定，可选择散件装配、现场装配整体组件或工厂完成组件装配后现场安装。组件基本单元规格化便于自动化制作，安装单元组合方式可依据现场和吊装条件灵活选择，暗藏连接件需预留安装洞口，并以工厂预制板材封闭。

1. 梁柱构件设计

梁柱构件的设计需严格遵循现行国家标准《木结构设计规范》及《胶合木结构技术规范》的各项规定。在考量长期荷载影响时，务必进行承载力与变形的详细验算，以评估结构的安全性。同时，针对地震和火灾等极端情况，也需进行承载力的专项验算，以了解结构的抗灾能力。此外，用于固定结构连接性的预埋件应与预埋吊件及临时支撑用的预埋件明确区分，不宜兼用。若因特殊需求必须兼用，则需满足所有设计工况下的相关要求。预制构件中的预埋件验算，则应遵循《木结构设计规范》《钢结构设计规范》及《木结构工程施工规范》等现行国家标准的相关规定进行。

2. 墙体、楼层及屋顶结构设计优化

①装配式木结构项目中的楼板和墙体设计验算，应严格依据现行的《木结构设计规范》国家标准执行。

②墙体、楼层及屋顶结构，根据预制程度的不同，细分为开放式与封闭式组件，以满足多样化的建筑需求。

③预制木墙体的核心构件，包括墙骨柱、顶梁板、底梁板及墙面板，其设计应遵循国家标准《木结构设计规范》及《多高层木结构建筑技术标准》的指导原则。

④在处理预制木墙板所受的竖向及平面外荷载时，墙骨柱的设计可模拟为两端铰接的受压构件。若墙骨柱两侧覆盖木基结构板或石膏板等加固材料，则可简化平面内的侧向稳定性验算，转而聚焦于平面内的强度计算。此外，在评估墙骨柱在竖向荷载下的平面外弯曲特性时，应合理考虑 0.05 倍墙骨柱截面高度的偏心距影响。

⑤预制木墙板的外墙骨柱设计需综合考量风荷载效应的组合作用，并以其作为两端铰接的受压构件进行设计。对于外墙围护材料较重的情况，应特别关注由此可能引发的墙体平面外地震作用。

⑥墙板、楼面板及屋面板的连接形式应经过精心策划，并融入抗震设计理念。连接节点应具备足够的承载能力和良好的变形适应性，同时采取必要的防腐、防锈、防虫、防潮及防火措施，以维护结构的长期稳定性。

⑦若非承重预制木墙板采用木骨架组合形式，其设计与构造应严格遵循《木骨架组合墙体技术规范》的国家标准。

⑧正交胶合木墙体的设计需满足《多高层木结构建筑技术标准》的相关要求，确保结构的安全与稳定。

⑨在装配式木结构中，楼盖设计可考虑采用正交胶合木楼盖、木搁栅与木基结构板材楼盖等方案。屋顶系统则可根据项目需求灵活选择正交胶合木屋盖、椽条式屋盖、斜撑梁式屋盖或桁架式屋盖等形式。

⑩椽条式与斜梁式屋盖的组件单元尺寸规划需紧密结合屋盖板块的实际大小及运输条件进行。

⑪桁架式屋盖的桁架部件应在工厂内实现精确加工。其组件单元尺寸需根据屋盖板块大小及运输条件进行定制，并确保符合整体结构设计的各项要求。

⑫对于楼盖体系，应依据国家标准《木结构设计规范》对格栅的振动特性进行专业验算，以评估其动态稳定性。

3. 其他组件设计

①装配式木结构建筑中的木楼梯和木阳台建议在工厂内按照一定模数预先制作为组件，以提高施工效率和质量。

②预制木楼梯与支撑构件之间的连接方式推荐采用简支连接，以便于安装并维持结构稳定。

③装配式木结构建筑中的预制木楼梯可选用规格材、胶合木或正交胶合木等材料制作，其中楼梯的梯板梁设计需考虑其作为压弯构件的受力特性。

④对于装配式木结构建筑中的阳台，可采用挑梁式或挑板式预制阳台，其结构构件的内力和正常使用阶段的变形需依据现行国家标准《木结构设计规范》进行验算。

⑤在设计楼梯、电梯井、机电管井、阳台、走道和空调板等组件时，建议采取整体分段制作的方式，并在设计过程中根据各构件的实际受力情况进行详细验算，以保证整体结构的稳固与安全。

三、各种木结构类型的设计

（一）轻型木结构设计

轻型木结构的设计方法主要有构造设计法和工程设计法两种。

1. 构造设计法

构造设计法省略内力分析，仅验算竖向承载力，适用于特定条件的房屋。材料规格适用于 50 年以内、二/三级安全等级的轻型木结构。

2. 工程设计法

工程设计法通过计算确定构件尺寸、布置及连接，包括荷载确定、结构布置、内力变形分析、承载力验算等步骤。

（二）胶合木结构

胶合木结构，即层板胶合木结构，其承重构件主要由层板胶合木制成，适用于单层或多层建筑。层板胶合木乃由厚度不超过 45mm 的木板叠层胶合而成，此材料不受天然木材尺寸的局限，可按需定制各种尺寸构件，以满足建筑与结构的需求。

1. 胶合木结构桁架

胶合木结构桁架由若干胶合构件组合而成，其截面尺寸和长度不受木材天然尺寸的限制，因此相较于一般木桁架，其具有更高的承载能力和更广泛的应用范围。胶合木结构桁架可采用较大的节间长度，通常可达 4～6m，从而有效减少节间数目，使得桁架的结构形式和构造更为简洁。与常规方木桁架相比，三角形胶合木结构桁架的下弦采用较小的截面设计，并且下弦可在跨中部位进行断开处理，通过木夹板和螺栓进行连接。

2. 胶合钢木桁架

通常情况下，胶合钢木桁架的上弦由通用胶合块件拼接而成，下弦采用双角钢设计，腹杆则选用胶合构件或整根方木。在四节间弧形钢木桁架中，上弦同样由胶合块件拼成，下弦为双角钢，腹杆依据需求选择胶合构件或方木。随着胶合工艺与木结构技术的不断进步，利用木板胶合技术制作的大跨度框架、拱形结构和网架结构得到了广泛的推广和应用。例如，曾采用木板胶合十字交叉的三铰接拱结构，成功应用于跨度达 93.97m 的体育馆建筑中；而由网架结构组成的木结构穹顶，也曾在直径达 153m 的体育建筑中发挥出色作用。

3. 方木原木结构

方木原木结构是一种将方形木材与圆形实木或承压木材结合、既具备承重功能又具备围护性能的木结构体系。此类结构广泛应用于传统木屋及现代建筑中，能够承受来自地震和风荷载的剪切力。方木原木结构常见形式包括穿斗式、抬梁式、井干式等，还可与其他材质（如钢材或混凝土）结合，形成混合结构。设计中要特别注意材料的选择，尤其是对于易翘裂的树种（如落叶松、云南松等）来说，桁架的下弦应选用钢材；而在跨度较大的情况下，应采取额外措施来减缓裂缝产生的风险。此外，合理设计屋盖和墙体的排水方式，采用外排水较为理想，若为内排水，则应避免使用木制天沟，以防止水分积聚带来的损害。

4. 墙体设计

墙骨的间距通常不应超过 610mm，且应与所用墙面板的标准规格相匹配，接缝应设置在墙骨中线位置。承重墙的转角部分以及外墙与内承重墙交接的地方，墙骨的数量应不低于两根规格材。在楼盖梁支座处，墙骨的数量应符合设计的具体要求。对于门窗洞口，当宽度超过墙骨的间距时，洞口两侧的墙骨数量应至少为两根，其中靠近洞口的一根可以作为门窗过梁的支撑。

5. 木栏杆设计

①阳台、外廊、室内回廊、内天井、上人屋面以及楼梯等临空区域，均应设置防护栏杆以提供安全保障。对于阳台部分，宜在预制或施工过程中预先留设栏杆或栏板安装的埋件，以便后续安装。

②当选择使用木栏杆时，必须使其安全、坚固且耐用。对于临空高度小于 24m 的区域，可以采用木栏杆和木栏板作为防护，但其高度不得低于 1.05m；而对于临空高度大于或等于 24m 的区域，则应采用钢木栏杆或钢木栏板，且其高度不得低于 1.10m，以增强其防护效能。

③对于住宅、托儿所、幼儿园、中小学以及其他少年儿童专用活动场所，其木栏杆必须设计有防止攀爬的构造，以保护儿童的安全。同时，这些木栏杆还必须能够承受规定的水平荷载，以维持其在使用过程中的稳定性和安全性。

四、木结构连接设计

(一) 连接设计的一般规定

①工厂预制的组件内部连接需确保满足强度和刚度的要求，同时组件间的连接质量必须达到加工制作工厂的质量检验标准，以保证整体结构的稳定性和安全性。

②预制组件间的连接设计需根据结构材料、结构体系和受力部位的不同，灵活采用多种连接形式。连接设计应满足以下关键要求：首先，需符合结构设计和整体性的

要求；其次，受力应合理，传力路径明确，避免木构件出现横纹受拉破坏的情况；同时，连接设计还需满足延性和耐久性的要求，当连接具有耗能作用时，需进行特殊设计；连接件应尽可能对称布置，并能按比例分配内力；此外，应避免在同一连接中混合使用不同刚度的连接方式，也不得同时采用直接传力和间接传力的方式；连接节点应便于标准化制作，并设置合理的安装公差，以确保连接的准确性和可靠性。

③预制木结构组件与其他结构之间的连接应采用锚栓或螺栓进行，其直径和数量需通过精确计算确定。在计算过程中，应充分考虑风荷载和地震作用引起的侧向力，以及风荷载导致的上拔力，并对这些力进行适当的放大处理（如乘以 1.2 的放大系数）。当存在上拔力时，必须采用金属连接件以确保连接的稳固性。

④建筑部品之间、建筑部品与主体结构之间以及建筑部品与木结构组件之间的连接应达到稳固牢靠、构造简单且安装方便的要求。连接处需采取有效的防水、防潮和防火构造措施，并应确保保温隔热材料的连续性和气密性，以满足建筑的整体性能和居住舒适度。

（二）木组件之间连接节点设计

①木组件间的连接方式涵盖钉连接、螺栓连接、销钉连接、齿板连接、金属连接件连接及榫卯连接等多种方式。对于预制次梁与主梁、木梁与木柱的连接，推荐采用钢插板、钢夹板和螺栓的组合，以强化连接效果。

②钉连接和螺栓连接在设计中可根据实际情况选择双剪或单剪形式。特别要注意的是，当使用圆钉进行连接时，若圆钉的有效长度小于其直径的四倍，则不应将其抗剪能力纳入考虑范围。

③在腐蚀、潮湿或存在冷凝水的环境中，木桁架应避免使用齿板连接，且齿板不应用于传递压力，以维护结构安全。

④预制木结构组件应通过适当的连接方式形成整体结构，确保预制单元间无相互错动，以维持结构的整体性。

⑤为增强楼盖和屋盖的整体抗侧力性能，可在计算单元内引入金属拉条进行加固。金属拉条可用于连接楼盖、屋盖的边界构件或外墙，连接平面内的剪力墙或外墙，实现剪力墙边界构件的层间连接，以及连接剪力墙边界构件与砌体基础。

⑥当金属拉条用于楼盖和屋盖平面内的连接时，应与受压构件共同承担荷载。若平面内无贯通的受压构件，则需设置填块以分散荷载，填块的长度需根据具体受力情况进行精确计算。

（三）木组件与其他结构连接设计

①木组件与其他结构的水平连接需满足组件间的内力传递要求，并应对水平连接处强度进行验算，以提升连接稳固性。

②木组件与其他结构的竖向连接，除需满足内力传递要求外，还需考虑连接组件在长期作用下的变形协调，以维持结构稳定。

③木组件与其他结构的连接推荐使用销轴类紧固件，并在混凝土中预埋，以加强连接。连接锚栓需进行防腐处理，延长其使用寿命。

④木组件与混凝土结构的连接锚栓同样需防腐处理，并需承担由侧向力引起的全部基底水平剪力，保障结构安全。

⑤轻型木结构螺栓直径应不小于 12mm，间距不大于 2.0m，埋入深度不小于螺栓直径的 25 倍。地梁板两端 100～300mm 范围内应各设一个螺栓。

⑥当木组件上拔力超过重力荷载代表值的 0.65 倍时，预制剪力墙边界构件需进行层间连接或采用抗拔锚固件，连接设计需考虑承受全部上拔力。

⑦木屋盖和木楼盖作为混凝土或砌体墙体的侧向支承时，应采用锚固连接件直接连接墙体与木屋盖、楼盖。锚固连接件承载力需根据墙体传递的水平荷载计算，且沿墙体方向的抗剪承载力不小于 3.0kN/m。

⑧装配式木结构墙体应支撑在混凝土基础或砌体基础顶面的混凝土梁上，混凝土基础或梁顶面应保持平整，倾斜度不超过 0.2%，以确保墙体稳定。

⑨木组件与钢结构连接推荐使用销轴类紧固件。若采用剪板连接，紧固件应选用螺栓或木螺钉，剪板采用可锻铸铁制作，剪板构造要求和抗剪承载力计算需符合现行国家标准《胶合木结构技术规范》。

（四）其他连接

①外围护结构的预制墙板设计需采用合理的连接节点，确保与主体结构实现可靠连接。支撑外挂墙板的结构构件需具备充足的承载力和刚度。外挂墙板与主体结构之间建议采用柔性连接方式，以确保连接节点具有足够的承载力，并能适应主体结构的变形。同时，连接节点应采取有效的防腐、防锈和防火措施，以提高结构的安全性和耐久性。

②轻型木结构的地梁板与基础连接时，连接锚栓需进行防腐处理，以延长使用寿命。这些锚栓需承担由侧向力引起的全部基底水平剪力，确保结构的稳定性。地梁板本身应采用经过加压防腐处理的规格材，其截面尺寸应与墙骨保持一致。地梁板与混凝土基础或圈梁的连接应通过预埋螺栓、化学锚栓或植筋锚固实现，其中螺栓直径不得小于 12mm，间距不应超过 2.0m，埋深需达到 300mm 以上。螺母下方应设置直径不小于 50mm 的垫圈以增强连接稳定性。每块地梁板两端及每片剪力墙端部均需设置螺栓锚固，端距不应超过 300mm，钻孔孔径可略大于螺杆直径 1～2mm 以适应安装需求。此外，地梁板与基础顶面接触处应设置防潮层，可选用厚度不小于 0.2mm 的聚乙烯薄膜，并确保缝隙用密封材料填满，以防止潮气侵入。

五、木结构构件制作

（一）木结构预制构件制作的内容

装配式木结构建筑的构件（组件和部品）大都在工厂生产线上预制，包括构件预制、板块式预制、模块化预制和移动木结构。木结构预制构件生产线的优点主要有：①易于实现产品质量的统一管理，确保加工精度、施工质量及稳定性；②构件可以统筹计划下料，有效地提高材料的利用率，减少废料的产生；③工厂预制完成后，现场直接吊装组合能够大大减少现场施工时间、现场施工受气候条件的影响和劳动力成本。

1. 构件预制

构件预制是装配式木结构建筑的一种基本构建方式，涉及单个木结构构件（如梁、柱等）及其基本单元在工厂内的预先制作。此方法便于运输，支持个性化定制，但现场施工组装工作量较大。目前，国内木结构企业已广泛采用先进数控机床（CNC）进行构件预制，提升了加工精度与效率。

2. 板块式预制

板块式预制是一种将整栋建筑划分为多个板块，在工厂内完成预制后运输至现场进行吊装组合的建筑方式。板块的大小需综合考虑建筑体量、跨度、进深、结构形式及运输条件等因素进行合理设计。通常，每面墙体、楼板和每侧屋盖各自构成独立的板块。根据板块开口情况，可将其分为开放式和封闭式两种类型，以适应不同的建筑需求和条件。

3. 模块化预制

模块化预制是一种灵活的建筑方式，适用于建造单层或多层木结构建筑。对于单层建筑，木结构系统通常由 2～3 个模块组成；两层建筑则可能由 4～5 个模块构成。在模块化木结构施工过程中，通常会设置临时钢结构支承体系，以确保在运输和吊装过程中满足必要的强度与刚度要求。一旦吊装完成，这些临时支承体系将被撤除。模块化预制不仅最大限度地实现了工厂预制，还提供了自由组合的可能性，使得建筑设计更加灵活多变。

4. 移动木结构

整体预制模块化木结构建筑是一种将整座建筑作为单一单元在工厂内完成所有建造环节（包括结构、内外装修、水电安装及家具配置）的创新建筑模式，它显著提高了建造效率，实现了高度的定制化，但由于道路运输限制，目前主要应用于小型住宅及特定用途的木结构建筑。

（二）制作工艺与生产线

以轻型木结构墙体预制为例，介绍木结构构件制作工艺流程。

首先对规格材进行切割；然后进行小型框架构件组合、墙体整体框架组合、结构覆面板安装，在多功能工作桥进行上钉卯、切割，为门窗的位置开孔、打磨，翻转墙体敷设保温材料、蒸汽阻隔、石膏板等；最后进行门和窗安装，以及外墙饰面安装。

生产线流向为：锯木台——小型框架构件工作台——框架工作台——覆面板安装台——多功能工作桥（上钉、切割、开孔、打磨）——翻转墙体台——直立存放。

①预制木结构组件的制作应严格遵循设计文件要求。制作工厂需配备适当的生产场地、先进的生产工艺设备，并建立完善的质量管理体系和试验检测手段，同时保留详细的组件制作档案。

②制作工作启动前，应制定周密的制作方案，涵盖制作工艺标准、制作时间表、技术质量控制措施、成品保护策略、堆放规划及运输方案。

③制作过程中，需对制作环境和储存环境的温度、湿度进行精细控制，确保木材含水率符合设计文件规定，以保证组件质量。

④在预制木结构组件和部品的制作、运输及储存期间，应采取有效的防水、防潮、防火、防虫及防损措施，保护组件免受损害。

⑤每种构件的首件产品需经过全面检验，符合设计与规范要求后，方可进入批量生产阶段。

⑥推荐使用 BIM 信息化模型进行组件的精确校正和预拼装，以提高制作精度和效率。

⑦对于含有饰面材料的组件，制作前需绘制排版图，并在工厂内完成预拼装，以验证组件的适配性和装饰效果。

（三）构件验收

木结构预制构件的全面验收流程涵盖了从原材料到成品的全过程，确保每一环节均符合既定标准与要求。除依据木结构工程领域的现行国家标准执行验收程序，并提交必要的文件记录外，还需额外提供以下关键信息与文档：

①详尽的工程设计文档，包括经细化的设计蓝图与说明，以明确预制构件的具体规格与要求。

②预制组件的制作与安装指南，详尽阐述每一步的制作工艺、技术要点及安装流程，确保施工操作的标准化与规范化。

③预制组件核心材料、辅助配件及其相关材料的质量合格证明、入场检验报告及随机抽样复检报告，全面验证材料的品质与适用性。

④预制组件的预装配测试记录，记录组件在模拟安装环境下的适配情况，评估其尺寸精度、结构稳定性及装配便捷性。

⑤针对预制正交胶合木构件，提出厚度优化建议，推荐控制在合理范围内（如不超过特定厚度，以实际工程需求为准），以平衡结构强度与加工效率。

⑥预制木结构组件在完成质量检验后，应附加唯一性标识，该标识需清晰标注产品识别码、生产日期、质量状态及制造商信息等关键内容，便于后续追踪与管理。

（四）运输与储存

1. 运输

在木结构组件和部品的运输过程中，应遵循以下要点以确保安全与稳定：

①应细致规划装车固定、堆放支垫及成品保护策略，为运输流程提供明确指导。

②采取适当措施，预防运输中组件的移动、倾倒或变形，保持其状态稳定。

③在存储与包装环节，注意含水率控制，并选用合适的包装材料，特别是加强组件边角部位的防护。

④对于预制木结构组件的水平运输，需合理安排堆放，对梁、柱等重型组件进行分层稳妥放置，并控制悬臂长度。板材与规格材应纵向平行堆叠，并适当施加顶部压力。

⑤预制木桁架在整体水平运输时，建议竖向放置，支撑点精确设置在桁架节点支座，设置稳固的斜撑，并与运输工具紧密连接。若多榀桁架并行运输，需通过绳索绑定以增强稳定性。

⑥预制木结构墙体的运输与储存推荐使用直立插放架，该架需具备良好的承载与抗变形能力，并确保稳固安装。

2. 储存

预制木结构组件的储存应遵循以下规定，以保障其质量与安全：

①组件应存放于通风条件良好的仓库或具有防雨设施的场所，堆放场地需保持平整、坚实，并配备有效的排水系统。

②施工现场堆放的组件需根据安装顺序进行分类整理，堆垛位置应便于起重机作业，并避免与其他施工工序产生干扰。

③在叠层平放时，应采取相应措施防止组件变形，确保堆放稳定。

④吊件应朝上放置，组件标志应面向堆垛间的通道，以便于识别与取用。

⑤支垫材料应坚实可靠，垫块位置需与组件起吊位置一致，确保吊装安全。

⑥重叠堆放时，各层组件间的垫块应上下对齐，堆垛层数需根据组件及垫块的承载能力合理确定，并采取防倾覆措施。

⑦使用靠架堆放时，靠架需具备足够的承载力和刚度，与地面的倾斜角度应大于80°，保证堆放稳定。

⑧堆放曲线形组件时，应根据其形状特点采取适当的保护措施。

⑨对于现场暂时无法安装的建筑模块，应采取必要的保护措施，以防受潮、受损或遗失。

第四节　木结构安装施工与验收

一、安装准备

装配式木结构构件安装准备工作包括以下内容。

①在施工前，应详细编制施工组织设计方案，明确施工流程、方法、技术要求及安全措施等。

②安装人员需经过专业培训并合格后方可上岗，特别注重起重机司机与起重工的

专业技能培训，确保操作规范与安全。

③根据施工需求，合理配置与设计起重设备及吊索吊具，确保吊装作业的安全与效率。

④进行吊装验算时，需考虑动力系数的影响。构件搬运、装卸时，动力系数一般取 1.2；构件吊运时，动力系数可取 1.5。若具备可靠经验，可根据实际受力情况和安全要求适当调整动力系数。

⑤准备临时堆放与组装场地，或在楼层平面上进行上一层楼的部品组装，以便高效利用空间与时间。

⑥对于安装工序复杂的组件，应选取代表性单元进行试安装，并根据试安装结果对施工方案进行必要调整，以确保安装过程的顺利进行。

⑦在施工安装前，需进行多项检验工作，包括混凝土基础部分是否满足木结构施工安装精度要求、安装所用材料及配件是否符合国家标准与设计要求、预制构件的外观质量、尺寸偏差、材料强度及预留连接位置等是否符合要求、连接件及其他配件的型号、数量和位置是否正确、预留管线、线盒等的规格、数量、位置及固定措施是否妥当等。以上检验若不合格，则不得进行安装作业。

⑧进行施工测量放线等前期工作，为后续安装提供准确的基础数据。

二、安装要点

（一）吊点设计

吊点设计由设计方给出，需符合以下要求。

①已拼装构件的吊点设置需结合其结构形式与跨度综合考虑，施工前应通过试吊验证结构刚度适宜性。

②杆件吊装时，两点吊装为常规选择，但长构件推荐采用多点吊装以增强稳定性。

③长细杆件吊装前需评估其吊装过程中的变形与平面外稳定性，板件及模块化构件则更适合多点吊装。所有组件均需清晰标记吊点位置，便于施工操作。

（二）吊装要求

①刚度不足的构件需根据受力加固。

②吊装需平稳，确保构件垂直降落。

③正交胶合木墙板吊装需用专用吊具，锁扣固定。

④竖向组件安装需复核标高、轴线，调整柱的垂直度。

⑤水平组件安装需复核坐标，采取防潮防腐措施。

⑥安装主梁时检测柱垂直度变化。

⑦桁架可单榀或组合吊装，地面预先支撑组合。

（三）临时支撑

①构件安装后，应设置临时支撑以防止其失稳或倾覆，同时这些支撑也可用于微

调构件的位置和垂直度。

②水平构件至少需设置两道支撑以确保其稳定性。

③预制柱和墙的支撑点距离底部不应少于柱或墙高度的三分之二，且至少应达到高度的一半。

④吊装到位的桁架需设置临时支撑，以维护其安全与垂直度。在逐榀吊装时，首榀桁架的临时支撑需具备足够强度，防止后续桁架倾覆，其位置需与被支撑桁架的上弦杆水平支撑点一致，且支撑的一端需稳固地锚固于地面或内侧楼板上。

（四）连接施工

①螺栓安装需匹配预钻孔，孔径需适中，以防开裂或压力不均，直径建议比螺栓大 0.8~1.0mm，螺栓直径不超 25mm。

②螺栓连接要求孔壁同心，确保力的有效传递。

③多螺栓孔建议一次性贯通钻，拧紧螺栓时避免垫板嵌入木构件。

④垫板尺寸满足构造要求即可，无需验算木材横纹受压。

（五）其他要求

①现场安装预制木构件时，未经设计许可，不得擅自切割、开洞，以免影响其完整性。

②装配式木结构现场安装期间，需采取措施保护预制木构件、建筑附件及吊件，防止破损、遗失或污染。

三、防火施工要点

①木构件防火涂层施工在木结构安装后，木材含水率不大于15%，表面清洁无油污，涂层均匀无遗漏，厚度符合设计。

②防火墙按设计施工，砖砌厚度不小于240mm，金属烟囱外包矿棉不小于70mm或防火板不小于1小时耐火极限，净距不小于120mm，通风良好，出屋面间隙用不燃材料封闭，砌筑砂浆饱满，清水墙勾缝精细。

③楼盖、楼梯等空腔贯通高度大于3m或长度大于20m时设防火隔断。隐蔽空间面积大于300m²或长边大于20m时设隔断，分隔成不大于300m²且长边不大于20m的空间。

④木结构房屋装修、电器安装需符合国家标准《建筑内部装修设计防火规范》，防止因其他工种施工不当引发火灾。

四、工程验收

装配式木结构建筑与普通木结构建筑的工程验收遵循国家标准《木结构质量验收规范》，其核心要点概述如下：

（一）子分部工程划分

装配式木结构子分部工程细分为木结构制作安装与木结构防护（涵盖防腐、防火）

两个分项工程。验收流程上，需先完成分项工程的验收，随后再进行子分部工程的整体验收。

（二）原材料与配件验证

所有用于制作的原材料及配件均需在工厂内接受严格验收，且必须随附有效的合格证书，以证明其质量符合相关标准。

（三）外观质量标准

A级：结构构件需外露，表面孔洞需通过木材修补处理，并使用砂纸进行细致打磨，以达到光滑效果。

B级：结构构件同样外露，允许使用机具进行刨光处理，表面可存在轻微漏刨、细小缺陷及孔洞，但严禁出现松软孔洞。

C级：对于不外露的结构构件，其表面无需进行刨光处理。

（四）主控项目要点

①结构的形式、布置以及构件的截面尺寸需符合设计要求。

②预埋件的位置、数量及其连接方式需准确无误。

③连接件的类别、规格及数量需与设计图纸一致。

④构件的含水率需控制在规定范围内。

⑤受弯构件需通过抗弯性能见证试验，以验证其承载能力。

⑥弧形构件的曲率半径及其偏差需满足设计要求。

（五）一般项目检查

①木结构的尺寸偏差、螺栓预留孔的尺寸偏差以及混凝土基础的平整度需符合规定。

②预制墙体、楼盖、屋盖组件内的填充材料需符合设计要求。

③外墙的防水防潮层及胶合木构件的外观需经过仔细检查。

④木骨架组合墙体的墙骨间距、布置、开槽或开孔的尺寸及位置，地梁板的防腐、防潮及基础锚固，顶梁板的规格材层数、接头处理及在墙体转角和交接处的两层梁板布置，墙体覆面板的等级、厚度及与墙体连接钉的间距，墙体与楼盖或基础连接件的规格和布置均需符合设计要求。

⑤楼盖拼合连接节点的形式、位置，楼盖洞口的布置、数量，以及洞口周围的连接件规格及布置需经过验证。

⑥檩条、顶棚搁栅或齿板屋架的定位、间距和支撑长度，以及屋盖周围洞口檩条与顶棚搁栅的布置、数量及连接件规格需符合设计要求。

⑦预制梁柱的组件预制与安装偏差需在允许范围内。

⑧预制轻型木结构墙体、楼盖、屋盖的制作与安装偏差需满足设计要求。外墙接缝的防水处理需确保无渗漏。

参考文献

[1] 郑杰珂，陈耕，曹双平．装配式建筑施工组织［M］．北京：北京理工大学出版社，2024．

[2] 沈兴刚，王晓飞，王伟．装配式建筑设计及其构造研究［M］．成都：电子科学技术大学出版社，2024．

[3] 孙俊霞，张勇一．装配式建筑［M］．4版．重庆：重庆大学出版社，2024．

[4] 夏念恩，谭正清．装配式建筑施工［M］．武汉：华中科技大学出版社，2024．

[5] 邓文静．装配式建筑施工技术［M］．成都：四川大学出版社，2024．

[6] 苏彬，朱正国，唐誉兴．装配式建筑结构设计［M］．北京：中国建材工业出版社，2024．

[7] 吴修峰，李志伟，王靖男．现代装配式建筑施工技术［M］．延吉：延边大学出版社，2024．

[8] 高雄．装配式建筑结构体系研究［M］．成都：电子科学技术大学出版社，2024．

[9] 李石磊．装配式建筑混凝土构件深化设计［M］．西安：西安交通大学出版社，2024．

[10] 罗琼．装配式建筑施工技术［M］．重庆：重庆大学出版社，2023．

[11] 李贵来，吴敏，邹俊杰．装配式建筑全过程成本管理［M］．合肥：中国科学技术大学出版社，2023．

[12] 郝光普．装配式建筑构件连接技术［M］．秦皇岛：燕山大学出版社，2023．

[13] 黄小亚，李姗姗，胡婷．装配式建筑混凝土构件生产与施工［M］．成都：西南交通大学出版社，2023．

[14] 王文静．装配式建筑产业链系统构建及可靠性研究［M］．北京：冶金工业出版社，2023．

[15] 吕辉，吴海．智能建造理论技术与管理丛书装配式建筑概论［M］．北京：机械工业出版社，2023．

[16] 郑爱国，李伟，彭丽．装配式混凝土建筑施工技术［M］．长春：吉林科学技术出版社，2023．

[17] 李泳波，张学恒，李玉．装配式建筑外墙围护体系研究［M］．北京：中国建材工业出版社，2023．

[18] 王燕萍，周良，钟建康．装配式建筑施工［M］．杭州：浙江工商大学出版社，2023．

[19] 刘晓晨，罗梅，买海峰．装配式建筑概论［M］．哈尔滨：哈尔滨工程大学出版

社，2023.

[20] 苟胜荣，王琦，卜伟．装配式建筑施工技术［M］．北京：北京理工大学出版社，2023.

[21] 李宏图．装配式建筑施工技术［M］．郑州：黄河水利出版社，2022.

[22] 张广华．装配式建筑施工与造价管理［M］．长春：吉林科学技术出版社，2022.

[23] 卢军燕，宋宵，司斌．装配式建筑BIM工程管理［M］．长春：吉林科学技术出版社，2022.

[24] 徐照，王佳丽，王睿．装配式建筑BIM技术理论与实操［M］．南京：东南大学出版社，2022.

[25] 王文超，王虎成，李锋．装配式建筑工程项目管理［M］．长春：吉林科学技术出版社，2022.

[26] 任媛，杨飞．装配式建筑概论［M］．北京：北京理工大学出版社，2021.

[27] 王昂，张辉，刘智绪．装配式建筑概论［M］．武汉：华中科技大学出版社，2021.

[28] 刘丘林，吴承霞．装配式建筑施工教程［M］．北京：北京理工大学出版社，2021.

[29] 王鑫，王奇龙．装配式建筑构件制作与安装［M］．重庆：重庆大学出版社，2021.

[30] 赵维树．装配式建筑的综合效益研究［M］．合肥：中国科学技术大学出版社，2021.